产品三维造型与结构设计

主 编　黄有华　顾　晔　黄琳莲
副主编　吴荔铭　谭丽琴

北京理工大学出版社
BEIJING INSTITUTE OF TECHNOLOGY PRESS

内 容 简 介

本书全面地介绍了 UG NX 10.0 的各个功能模块，针对功能模块的各个知识点进行了详细讲解并辅以相应的实例，使读者能够快速、熟练、深入地掌握 UG NX 设计技术。

全书共 5 个模块、33 个任务，由浅入深地介绍了 UG NX 的各种操作，包括 UG NX 10.0 基本操作、实体建模、曲面建模、装配建模、工程图创建等内容，同时讲解了大量工程案例，以提升读者的实战技能。

本书非常适合广大 UG NX 初、中级读者使用，既可作为大中专院校、高职院校、高等院校相关专业的教科书，也可以作为社会相关培训机构的培训教材和工程技术人员的参考用书。

图书在版编目（CIP）数据

产品三维造型与结构设计 / 黄有华，顾晔，黄琳莲主编. -- 北京：北京理工大学出版社，2024. 11.
ISBN 978-7-5763-3646-7

Ⅰ. TB472-39

中国国家版本馆 CIP 数据核字第 20241M25W6 号

责任编辑：张　瑾　　　**文案编辑：**张　瑾
责任校对：周瑞红　　　**责任印制：**李志强

出版发行 / 北京理工大学出版社有限责任公司
社　　址 / 北京市丰台区四合庄路 6 号
邮　　编 / 100070
电　　话 / （010）68914026（教材售后服务热线）
　　　　　　（010）63726648（课件资源服务热线）
网　　址 / http://www.bitpress.com.cn

版 印 次 / 2024 年 11 月第 1 版第 1 次印刷
印　　刷 / 涿州市京南印刷厂
开　　本 / 787 mm×1092 mm　1/16
印　　张 / 17
字　　数 / 396 千字
定　　价 / 86.00 元

前　言

本书的编写以党的二十大精神为指引，坚持科技是第一生产力、人才是第一资源、创新是第一动力，强化对创新精神、创新能力和工匠精神的培养。

在当今快速发展的工业设计和制造领域，掌握先进的计算机辅助设计、工程和制造技术是至关重要的。UG NX 作为西门子工业软件（Siemens Digital Industries Software）公司旗下的一款集成化软件，凭借其强大的功能、广泛的应用领域和友好的用户界面，成为工程师和技术人员不可或缺的工具之一。

本书的编写旨在为广大读者提供一份全面、系统、实用的 UG NX 学习指南。无论是初学者还是已经有一定基础的读者，都能在本书中找到适合自己的学习内容和参考资料。编者在编写过程中，力求做到以下几点。

内容全面：本书按照工作过程系统化的课程建设理念并融入岗课赛证有关要求，以典型零件为载体，涵盖了 UG NX 软件的实体建模、曲面建模、装配建模、工程图创建四大功能，确保读者能够全面了解并掌握 UG NX 的各项功能。

结构清晰：本书按照"模块引领，任务驱动"的编写方式，从基础到进阶、从理论到实践，将内容划分为 5 个模块 33 个任务，每个模块都有明确的知识目标和能力目标，兼顾素养目标，方便读者有针对性地学习和培养其正确价值观和行为习惯。

实用性强：本书不仅介绍了 UG NX 的基本知识和操作技巧，还结合了大量的案例，帮助读者更好地理解和掌握 UG NX 的实战应用。

举一反三：为了增强读者的阅读体验，本书每个任务都配有详细的步骤说明和图解，帮助读者更好地理解和掌握知识点。此外，本书还包含了大量的上机练习，让读者能够通过实践来巩固所学知识。

资源丰富：本书配有电子课件、素材源文件和在线开放课程。

本书由江西省"双高计划"立项建设单位江西机电职业技术学院的黄有华、顾晔、黄琳莲担任主编，吴荔铭、谭丽琴担任副主编。其中，顾晔编写了模块一和模块二中的任务一~任务四，谭丽琴编写了模块二中的任务五~任务九，黄琳莲编写了模块三中的任务一~任务八，黄有华编写了模块三中的任务九~任务十一和模块四，吴荔铭编写了模块五。江西现代职业技术学院陈建荣教授对教材内容进行了认真详尽的审阅和悉心指导。江西五十铃发动机有限公司具有丰富 UG NX 使用经验的高级工程师赖云对本书的编写提供了大力支持和帮助。全书由黄有华、顾晔共同统稿、审校。

本书在编写过程中参考了有关教材、相关手册与资料，在此对这些资料的作者表示衷心感谢。囿于编写水平，书中定有不少缺点甚至错误，恳请广大读者批评指正。

编　者

目　录

模块一　UG NX 10.0基本操作

UG是集计算机辅助设计（computer-aided design，CAD）、计算机辅助工程（computer aided engineering，CAE）、计算机辅助制造（computer-aided manufacturing，CAM）等为一体的数字化产品开发软件。该软件集建模、制图、加工、结构分析、运动分析和装配等功能于一体，广泛应用于航天、航空、汽车、船舶等领域，显著提高工业生产率。本模块主要介绍UG NX 10.0的启动和关闭、基本操作及鼠标与键盘应用。

素养目标

1. 培养工匠精神，通过强调精益求精、追求极致的工匠精神，鼓励在UG NX 10.0操作过程中不断追求技术上的完美和卓越。

2. 培养对工作的敬畏之心和热爱之情，将技术操作视为一种艺术创造，不断提升自身的审美和创造力。

视频：UG建模角色设置

3. 鼓励关注细节，通过不断实践和反思，提高自己的工作质量和效率。

知识目标

1. 熟悉UG NX 10.0的工作界面、基本功能布局和操作。
2. 了解UG NX 10.0在数字化设计中的应用技巧。
3. 了解相关参数设置和模型管理知识。

能力目标

1. 掌握UG NX 10.0的启动与关闭。
2. 掌握实体模型的显示形式和常用人机对话方式。
3. 掌握UG NX 10.0环境设置和文件管理。

任务一　UG NX 10.0 的启动和关闭

【任务导入】

启动与关闭 UG NX 10.0。

【任务分析】

学会常用的两种启动 UG NX 10.0 的方法，进入文件创建选择类型，并学会关闭软件。

【任务实施】

1. UG NX 10.0 的启动。

（1）图标快捷方式。如图 1-1-1 所示，在计算机桌面找到 UG NX 10.0 的快捷方式图标，双击该图标即可启动软件。

图 1-1-1　UG NX 10.0 启动 1

（2）"开始"菜单方式。通过"开始"菜单，在程序列表中找到 UG NX 10.0 相关的启动命令来启动。如图 1-1-2 所示，选择"开始"→Siemens NX 10.0→NX 10.0 命令。

> **提示**：操作系统不同，具体操作可能不同。

2. 新建文件。

（1）图标法。单击"新建"按钮 。

（2）菜单命令法。如图 1-1-3 所示，选择"文件"→"新建"命令。弹出"新建"对话框，如图 1-1-4 所示，选择要创建的文件类型，如"模型""图纸"等。然后，根据需要设置相关参数（如"单位""名称"等），最后单击"确定"按钮，即可新建一个文件。

3. 关闭 UG NX 10.0。

（1）菜单命令法。选择"文件"→"退出"命令。

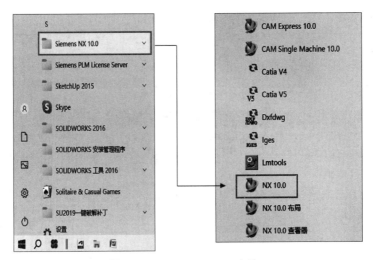

图 1-1-2　UG NX 10.0 启动 2

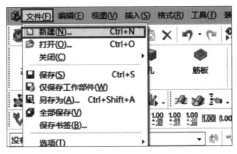

图 1-1-3　菜单命令法

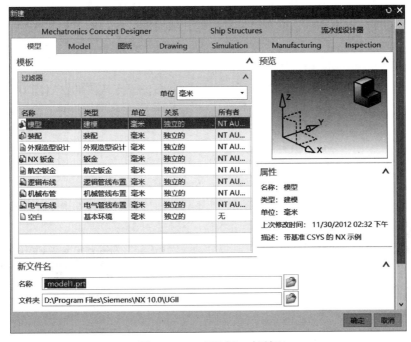

图 1-1-4　"新建"对话框

（2）按钮法。单击 UG NX 10.0 工作界面右上角的"关闭"按钮。

> **提示**：如果软件中有未保存的文件，那么系统会弹出图 1-1-5 所示的"退出"对话框。单击"是-保存并退出"按钮则保存文件并退出；单击"否-退出"按钮则不保存文件直接退出，单击"取消"按钮则取消退出，继续绘图操作。

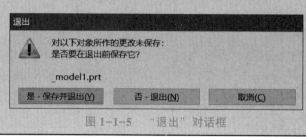

图 1-1-5 "退出"对话框

任务二　UG NX 10.0 的基本操作

【任务导入】

打开"底座"模型，熟悉 UG NX 10.0 工作界面，进行环境设置和模型的不同显示，进行文件的打开和保存等基本操作。

【任务分析】

通过实例，快速掌握 UG NX 10.0 工作界面，熟练掌握基本操作，快速准确地完成模型的显示状态，更好地发挥软件功能进行创意设计，从而提升设计的质量和水平。

【任务实施】

1. 启动 UG NX 10.0。如图 1-2-1 所示，双击桌面快捷方式图标，启动 UG NX 10.0。

图 1-2-1　启动 UG NX 10.0

2. 打开文件。单击"打开"按钮 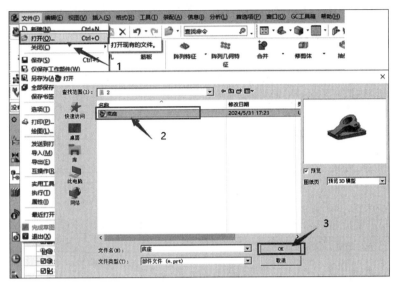，或如图 1-2-2 所示，选择"文件"→"打开"命令，在弹出的"打开"对话框中选择"底座"文件，单击 OK 按钮，打开文件。

图 1-2-2　打开文件

3. 工作界面介绍。UG NX 10.0 工作界面如图 1-2-3 所示。

图 1-2-3　UG NX 10.0 工作界面

（1）标题栏。标题栏位于工作界面的顶端，其用途与常见应用软件中标题栏的用途基本相同，主要用于显示软件的版本信息、当前所处的功能模块以及正在使用的文件名等，其作用是帮助用户快速了解当前的软件状态和工作环境。

（2）菜单栏。菜单栏包含了 UG NX 10.0 的所有功能，位于标题栏下方。菜单栏显示用户经常使用的一些菜单命令，包括"文件""编辑""视图""插入""格式""工具""装配""信息""分析""首选项""窗口""GC 工具箱"和"帮助"。单击菜单栏中任何一个功能按钮，系统都会弹出下拉菜单，显示该菜单功能包含的有关命令，且命令的前后可能会有一些特殊标记。

> 提示：在下拉菜单中有下列符号类型。
> ① 符号"…"表示该命令有下一级对话框。
> ② 符号 Ctrl+N、Ctrl+O 等，表示快捷键。
> ③ 符号 ▶ 表示该命令有级联菜单。

（3）工具条。工具条位于标题栏的下方，以简单直观的图标来表示每个工具的作用。UG NX 10.0 有大量的工具供用户使用，单击工具条中的图标按钮即可启动对应的功能。

> 提示：工具条可以以固定或浮动的形式显示。如果将光标停留在工具条按钮上，那么会出现对应的功能提示。工具条中的图标按钮显示为灰色时，表示该图标功能在当前工作环境下无法使用。

（4）绘图区。绘图区是 UG NX 10.0 的工作区，占屏幕的大部分空间，用于以图形的形式显示模型的相关信息，是用户进行建模、编辑、装配、分析和渲染等操作的区域。绘图区不仅可以显示模型的形状，还可以显示模型的位置。

（5）提示栏。提示栏位于屏幕的下方，主要用于提示操作步骤，方便用户进行各种操作，特别是对初学者或者进行某一不熟悉的操作时，根据系统的提示，可以很顺利地完成一些操作。

（6）资源条。资源条又称导航器，位于工作界面的左侧。通过资源条，用户可以方便地获取相关信息，如用户在创建过程中用了哪些操作，哪些部件被隐藏了，一些命令的操作过程等。

> 提示：UG NX 10.0 中文版的工作界面会因为使用环境的不同而有所不同。用户可以根据自己的需要定制 UG NX 10.0 的工作界面，如按照操作习惯和喜好，任意更改工具条的内容和位置。

4. 视图模式。UG NX 10.0 提供了 8 种不同的视图。单击"正三轴测图"下拉菜单按钮（见图 1-2-4），在弹出的下拉菜单中单击相应视图按钮即可获得图 1-2-5～图 1-2-12 所示视图。

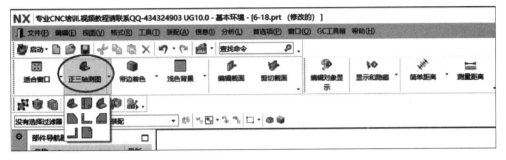

图 1-2-4 单击"正三轴测图"下拉菜单按钮

图 1-2-5 正三轴测图

图 1-2-6 俯视图

图 1-2-7 正等轴测图

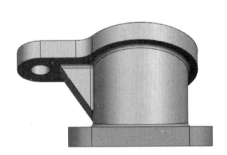

图 1-2-8 左视图

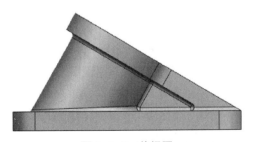

图 1-2-9 前视图

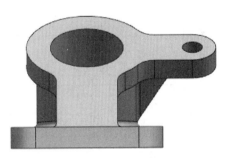

图 1-2-10 右视图

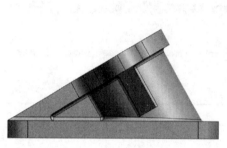

图1-2-11 后视图

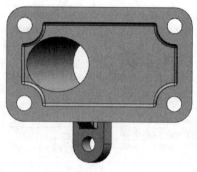

图1-2-12 仰视图

5. 几何对象显示。模型的显示方式反映了几何对象在绘图区中的显示结果。UG NX 10.0中模型的显示方式有多种，各种显示方式的图标及功能见表1-2-1。如图1-2-13所示，通过"渲染样式"下拉菜单可实现控制与变更模型的显示方式；如图1-2-14所示，也可以通过右击在绘图区空白处，在弹出的快捷菜单中选择"渲染样式"级联菜单中的相应命令来实现。

表1-2-1　几何对象显示方式的图标及功能

图标	类型	功能
	带边着色	几何对象的表面完全着色，并显示其边缘线与轮廓线
	着色	几何对象仅表面着色，不显示其边缘线与轮廓线
	带有淡化边的线框	显示几何对象的边缘线与轮廓线，对于不可见的边缘线与轮廓线以暗色线条表示；表面不着色
	带有隐藏边的线框	仅显示几何对象的可见边缘线与轮廓线；表面不着色
	静态线框	显示几何对象的所有边缘线与轮廓线，不论是否可见均采用同样的线条表示，表面不着色。以该方式显示时，系统运行较快，适合于模型复杂程度高或计算机配置较低的情况
	艺术外观	根据所指派的基本材料、纹理和光源为几何对象全面着色，并添加背景
	面分析	用不同的颜色在指定表面上显示曲面分析数据（如应力、应变等信息），其余部分以线框方式显示
	局部着色	几何对象的部分表面着色，其余部分以线框方式显示

分别选择"着色"命令和"带有隐藏边的线框"命令，绘图区的结果如图1-2-15和图1-2-16所示。

提示：读者可以通过观察对比"带边着色"与"着色"命令的区别，以及"带有淡化边的线框"与"带有隐藏边的线框"命令的区别。

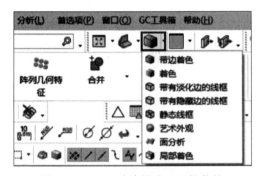

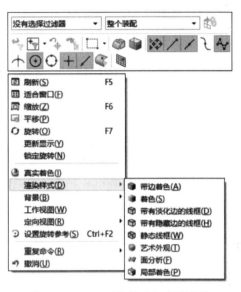

图 1-2-13　"渲染样式"下拉菜单　　　　　图 1-2-14　"渲染样式"级联菜单

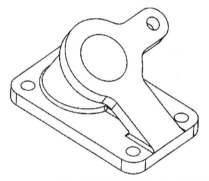

图 1-2-15　"着色"命令显示结果　　　图 1-2-16　"带有隐藏边的线框"命令显示结果

6. 设置背景颜色。在利用 UG NX 10.0 进行设计时，设置背景颜色的目的包括提高视觉舒适度以减少眼睛疲劳；通过与模型颜色形成对比，使模型在背景中更加突出，增强模型辨识度（例如，选择白色作为背景颜色，让模型显示更加清晰）；满足个性化需求；根据模型的特点和使用场景，选择恰当的背景颜色可提升整体的视觉效果，更好地理解和分析模型。设置背景颜色的方式为：如图 1-2-17 所示，选择"首选项"→"背景"命令，在弹出的"编辑背景"对话框选中"着色视图"和"线框视图"选项区域中的"纯色"单选按钮，再点击"普通颜色"按钮，弹出"颜色"对话框，如图 1-2-18 所示，将背景色设置为天青色，点击"确定"按钮，退回到"编辑背景"对话框，最后单击"确定"按钮，完成背景颜色的设置，结果如图 1-2-19 所示。

7. 保存文件。保存文件有如下两种方式。

（1）单击"保存"按钮■，保存设计模型。

（2）如图 1-2-20 所示，选择"文件"→"保存"或"另存为"命令。如果选择"保存"命令，会直接按照当前文件名和路径保存；如果选择"另存为"命令，则会弹出"另存为"对话框，可以在其中更改文件名、选择保存路径等。设置完成后单击 OK 按钮即可保存。

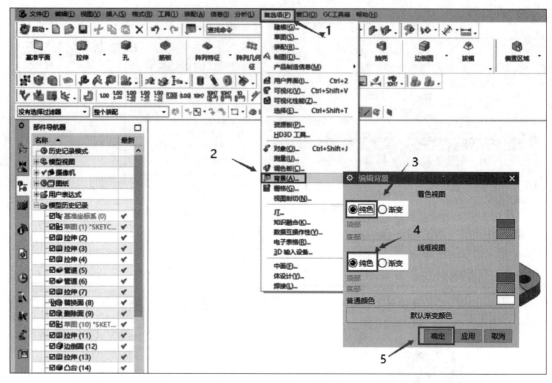

图 1-2-17　设置背景颜色

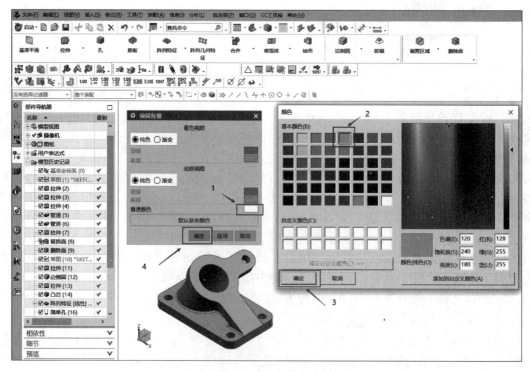

图 1-2-18　设置背景颜色过程

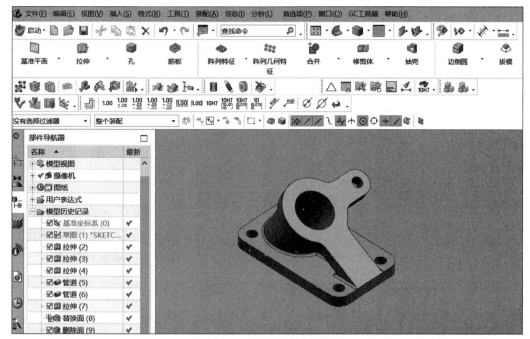

图 1-2-19　设置背景颜色结果

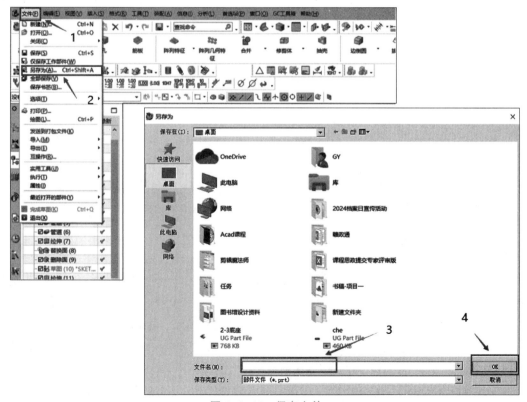

图 1-2-20　保存文件

任务三 UG NX 10.0 鼠标与键盘应用

【任务导入】

通过对"底座"模型的鼠标与键盘操作，熟悉 UG NX 10.0 的鼠标与键盘应用。

【任务分析】

在 UG NX 10.0 使用过程中，鼠标和键盘是主要交互工具。在设计过程中鼠标配合键盘的 Ctrl、Shift、Alt 等功能键使用，可以快速地执行一些功能，大大提高设计的效率。

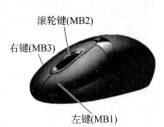

图 1-3-1　鼠标

【任务实施】

1. 鼠标和键盘在 UG NX 10.0 中的使用。一般鼠标都带滚轮，如图 1-3-1 所示，MB1 表示鼠标左键，MB2 表示鼠标滚轮键，MB3 表示鼠标右键。鼠标键的使用见表 1-3-1。

表 1-3-1　鼠标键的使用

鼠标按键	用途
MB1	选择和拖动对象
MB2	操作中的"确认"。 在图形区中按 MB2，然后拖动鼠标，可旋转模型。 按 Shift+MB2 组合键，或按 MB2+MB3 组合键，然后拖动鼠标，可平移模型。 按 Ctrl+MB2 组合键，然后拖动鼠标，可缩放模型，或上下滚动 MB2 缩放视图
MB3	显示快速视图弹出菜单，也为 MB1 选择的对象显示动作信息
Shift+MB1	选择从最后项到当前，如分层设置对话框
Ctrl+MB1	选择或放弃选择，如分层设置对话框

2. 打开文件。单击"打开"按钮 或选择"文件"→"打开"命令，在弹出的"打开"对话框中选择"底座"文件，单击 OK 按钮，打开文件，如图 1-3-2 所示。

3. 旋转模型。在绘图区按 MB2，移动鼠标便可旋转模型，如图 1-3-3 所示。

4. 移动模型。在绘图区内按 Shift+MB2 组合键，或按 MB2+MB3 组合键后，移动鼠标便可平移模型，如图 1-3-4 和图 1-3-5 所示。

5. 键盘的常用功能。在 UG NX 10.0 中，除鼠标操作外，还可使用快捷键操作，同样可以大大提高设计效率。表 1-3-2 所示为 UG NX 10.0 常用快捷键操作列表。

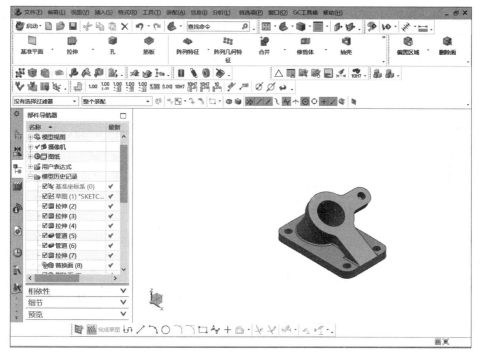

图 1-3-2 打开"底座"文件

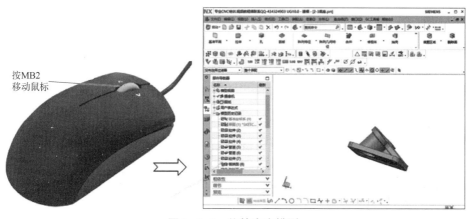

图 1-3-3 旋转底座模型

图 1-3-4 Shift+MB2 组合键

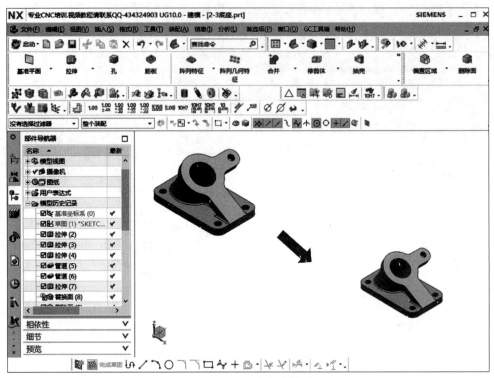

图 1-3-5　平移底座模型

表 1-3-2　UG NX 10.0 常用快捷键操作列表

操作类型	快捷键	功能
文件操作	Ctrl+N	新建文件
	Ctrl+O	打开文件
	Ctrl+S	保存文件
	Ctrl+Shift+A	文件另存为
编辑操作	Ctrl+Z	撤销上一级命令
	Ctrl+D	删除
对象操作	Ctrl+J	对象显示属性
	Ctrl+B	对象隐藏
	F8	正视
	Ctrl+Shift+B	反转显示和隐藏
	Ctrl+Shift+U	全部显示
基本非参数化命令操作	Ctrl+T	移动对象
	Alt+V	对象参数去除
其他操作	Tab	切换光标位置
	Enter	确认

6. 界面切换。在 UG NX 10.0 中，按 Ctrl+2 组合键，弹出"用户界面首选项"对话框，如图 1-3-6 所示。可将"用户界面环境"设置为"功能区"或"经典工具条"。

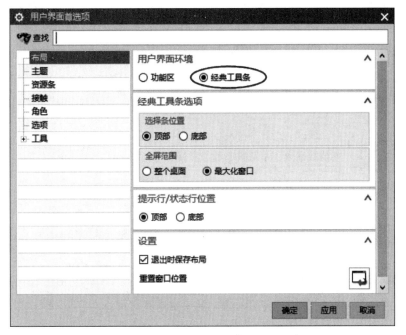

图 1-3-6 "用户界面首选项"对话框

任务名称：			姓名：		组号：		总分：	
评分项		评价指标		分值	学生自评	小组互评	教师评分	
素养目标	遵章守纪	能够自觉遵守课堂纪律、爱护实训室环境		10				
	学习态度	能够分析并尝试解决出现的问题，体现精准细致、精益求精的工匠精神		10				
	团队协作	能够进行沟通合作，积极参与团队协作，具有团队意识		10				
知识目标	识图能力	能够正确分析零件图纸，设计合理的建模步骤		10				
	命令使用	能够合理选择、使用相关命令		10				
	建模步骤	能够明确建模步骤，具备清晰的建模思路		10				
	完成精度	能够准确表达模型尺寸，显示完整细节		10				
能力目标	创新意识	能够对设计方案进行修改优化，体现创新意识		10				
	自学能力	具备自主学习能力，课前有准备，课中能思考，课后会总结		10				
	严谨规范	能够严格遵守任务书要求，完成相应的任务		10				
备注：按照评价指标分为 4 档，优秀 10 分，良好 8 分，一般 7 分，合格 6 分								

模块二　实体建模

实体建模模块主要用于产品部件的三维实体特征建模，是 UG 的核心模块。本模块主要介绍 UG NX 10.0 实体建模方法，通过大量实例，培养读者 UG NX 10.0 实体建模能力。

素养目标

1. 培养工匠精神，通过强调精益求精、追求极致的工匠精神，鼓励在 UG NX 10.0 操作过程中不断追求技术上的完美和卓越。

2. 通过学习相关标准，强化"不以规矩，不成方圆"观念，树立诚实守信，遵纪守法意识。

3. 通过齿轮建模的学习，理解协作的重要性，养成良好的团队协作精神。

知识目标

1. 了解"草图"命令的功能和用法。

2. 了解实体建模命令及参数用法。

3. 掌握特征编辑命令用法，能够对实体模型进行有效编辑。

能力目标

1. 掌握实体建模的思路和一般步骤。

2. 能够看懂图纸，建立实体模型。

3. 掌握特征分解，规划合理的建模顺序。

【任务导入】

根据图 2-1-1 所示，绘制如下草图。

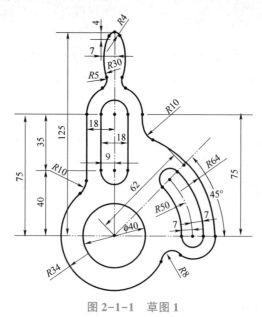

图 2-1-1 草图 1

视频：草图

【任务分析】

该零件从草图上分析，主要用到"圆""直线""圆弧""快速修剪"等命令，同时用到"快速尺寸""几何约束"等参数设置。

【任务实施】

1. 双击 UG NX 10.0 桌面快捷方式图标，启动 UG NX 10.0。如图 2-1-2 所示，选择"文件"→"新建"命令，弹出"新建"对话框。在"模型"选项卡的"模板"选项区域中选择"模型"命令，在"新文件名"选项区域的"名称"文本框中输入"草图 1"，在"文件夹"文本框中输入文件保存位置，单击"确定"按钮，进入建模环境。

2. 选择草图平面。选择"插入"→"草图"命令，弹出"创建草图"对话框，如图 2-1-3 所示。草图平面选择基准坐标系中的 X–Y 平面，草图默认 X 轴方向，草图原点默认为坐标系原点，在"设置"选项区域中勾选"投影工作部件原点"复选框，单击"确定"按钮，进入草图平面。

3. 绘制圆。单击"圆"按钮，弹出"圆"对话框，如图 2-1-4 所示。单击坐标原点作为圆心，绘制圆 1，直径设置为 40 mm，按 Enter 键，完成绘制圆 1 操作。再次单击"圆"按钮，弹出"圆"对话框，单击坐标原点作为圆心，任意绘制圆 2，然后单击"快速尺寸"按钮，弹出"快速尺寸"对话框，在"测量"选项区域的"方法"下拉列表中选择"径

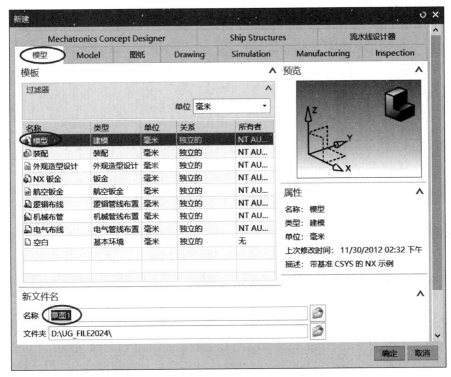

图 2-1-2 "新建"对话框

图 2-1-3 "创建草图"对话框

向"命令,标注半径尺寸为 34 mm,完成绘制圆 2 操作。

　　4. 绘制斜向键槽。单击"直线"按钮,弹出"直线"对话框,如图 2-1-5 所示。单击坐标原点作为起点，绘制直线1，直线和X轴角度标注为45°，标注直线长度为62 mm，完成绘制直线1操作。单击"圆弧"按钮，弹出"圆弧"对话框，如图2-1-5所示。设置以中心和端点确定圆弧，单击坐标原点作为圆心，在直线1单击一点作为起点，在X轴上单击一点作为终点，标注圆弧半径为50 mm，完成绘制圆弧1的

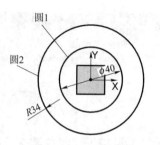

图2-1-4　绘制圆

操作。单击"偏置曲线"按钮，弹出"偏置曲线"对话框，如图2-1-5所示。选择圆弧1，向右偏置7 mm，单击"应用"按钮，完成绘制圆弧2的操作。继续选择圆弧1，向左偏置7 mm，单击"确定"按钮，完成绘制圆弧3的操作。单击"圆弧"按钮，设置以中心和端点确定圆弧，单击圆弧1的上端点作为圆心，单击圆弧2上方端点，单击圆弧3上方端点，设置圆弧端点在直线1上，完成绘制圆弧4的操作。单击"圆弧"按钮，设置以中心和端点确定圆弧，单击圆弧1下方端点作为圆心，单击圆弧3的下方端点，单击圆弧2的下方端点，单击"几何约束"按钮，弹出"几何约束"对话框，如图2-1-5所示。设置圆弧端点在X轴上，完成绘制圆弧5的操作。单击直线1和圆弧1，转换为参考，如图2-1-5所示。

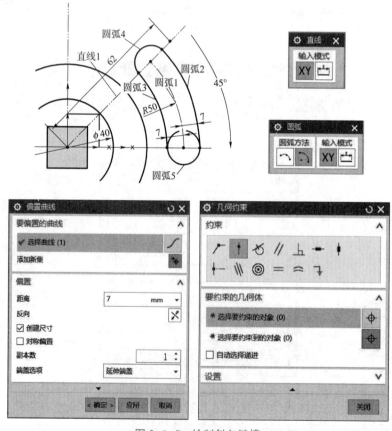

图2-1-5　绘制斜向键槽

5. 绘制外围圆弧。单击"圆弧"按钮，弹出"圆弧"对话框，如图2-1-6所示。设置以中心和端点确定圆弧，单击坐标原点作为圆心，在 X 轴上单击一点作为起点，单击左上任意一点作为终点，标注圆弧半径为64 mm，设置起点在 X 轴上，完成绘制圆弧6的操作。单击"圆弧"按钮，设置以中心和端点确定圆弧，单击圆弧1的下方端点作为圆心，单击圆弧6的下方端点和左边任意一点作为终点，完成绘制圆弧7的操作。单击"圆角"按钮，弹出"圆角"对话框，如图2-1-6所示。选择圆2和圆弧7，标注圆弧半径为8 mm，完成绘制圆弧8的操作。

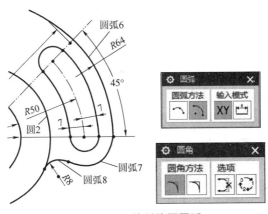

图 2-1-6　绘制外围圆弧

6. 绘制上方键槽。单击"直线"按钮，弹出"直线"对话框，如图2-1-7所示。单击坐标原点作为起点，在 Y 轴上单击一点作为终点，标注直线长度为125 mm，完成绘制直线2的操作。单击"直线"命令，在和 Y 轴平行处单击两点作为直线端点，标注直线长度为35 mm，和 Y 轴距离设置为9 mm，下方端点距 X 轴的长度为40 mm，完成绘制直线3的操作。单击"偏置曲线"按钮，弹出"偏置曲线"对话框，如图2-1-7所示。选择直线3，偏置距离设置为18 mm，单击"确定"按钮，完成绘制直线4的操作。单击"圆弧"按钮，弹出"圆弧"对话框，设置以三点确定圆弧，选择直线3和直线4的端点，选择和直线相切的一点，完成绘制圆弧9和圆弧10的操作，如图2-1-7所示。

7. 绘制左侧外形。单击"直线"按钮，弹出"直线"对话框，如图2-1-8所示。设置圆2上方一点作为起点，单击与 Y 轴平行一点作为终点，标注直线距 Y 轴长度为18 mm，完成绘制直线5的操作。单击"圆角"按钮，弹出"圆角"对话框，如图2-1-8所示。设置为修剪圆角，单击圆2和直线5，标注圆角半径为10 mm，完成绘制圆弧11的操作。单击"快速修剪"按钮，弹出"快速修剪"对话框，修剪圆2中要修剪的曲线，效果如图2-1-8所示。

8. 绘制右侧外形。单击"直线"按钮，弹出"直线"对话框，如图2-1-9所示。单击右上方一点作为起点，单击与 Y 轴平行方向一点作为终点，标注直线距 Y 轴长度为18 mm，标注上方端点距 X 轴高度为75 mm，完成绘制直线6的操作。单击"圆角"按钮，弹出"圆角"对话框，如图2-1-9所示。设置为修剪圆角，单击直线6和圆弧6，标注圆角半径为10 mm，完成绘制圆弧12的操作。单击"圆弧"按钮，弹出"圆弧"对话框，如图2-1-9所示。设置以三点确定圆弧，选择直线6和直线5，以及中间点任意一点，单击"几何约束"按钮，弹出

"几何约束"对话框，如图2-1-9所示。约束圆弧与直线6相切，完成绘制圆弧13的操作。

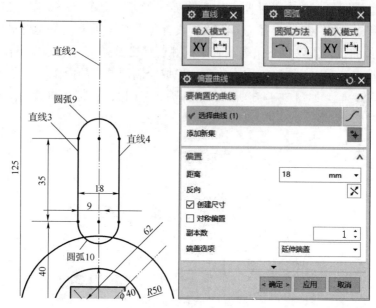

图 2-1-7　绘制上方键槽

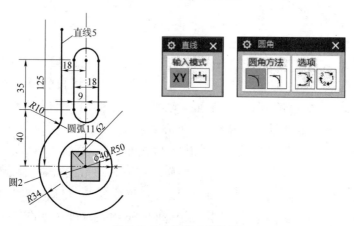

图 2-1-8　绘制左侧外形

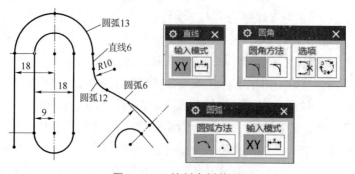

图 2-1-9　绘制右侧外形

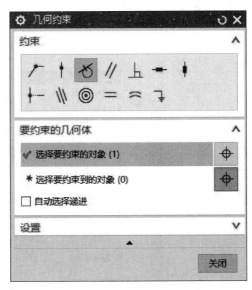

图 2-1-9　绘制右侧外形（续）

9. 绘制左上方外形。单击"圆"按钮，弹出"圆"对话框，如图 2-1-10 所示。设置直线 2 上一点作为圆心，标注圆半径为 4 mm，完成绘制圆 3 的操作，约束圆心距离直线 2 的上方端点为 4 mm。单击"圆弧"按钮，弹出"圆弧"对话框，如图 2-1-10 所示。设置以三点确定圆弧，选择圆 3 和下方任意两点做圆弧，约束圆 3 和圆弧相切，圆弧距离直线 2 的长度设置为 7 mm，标注圆弧半径为 30 mm，完成绘制圆弧 14 的操作。单击"圆角"按钮，弹出"圆角"对话框，如图 2-1-10 所示。选择圆弧 13 和圆弧 14，标注圆角半径为 5 mm，完成绘制圆弧 15 的操作。单击"快速修剪"按钮，弹出"快速修剪"对话框，修剪圆弧 14 中要修剪的曲线，效果如图 2-1-10 所示。

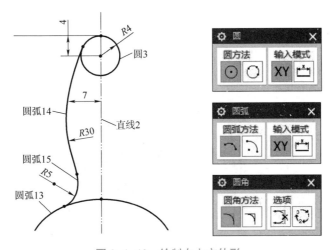

图 2-1-10　绘制左上方外形

10. 绘制右上方外形。单击"镜像曲线"按钮，弹出"镜像曲线"对话框，如图 2-1-11 所示。选择圆弧 14 和圆弧 15 作为要镜像的曲线，设置 Y 轴为中心线，单击"确定"按钮，完成绘制圆弧 16 和圆弧 17 的操作。单击"快速修剪"按钮，弹出"快速修剪"对话框，修剪圆 3 和圆弧 13 中要修剪的曲线，最终结果如图 2-1-12 所示。

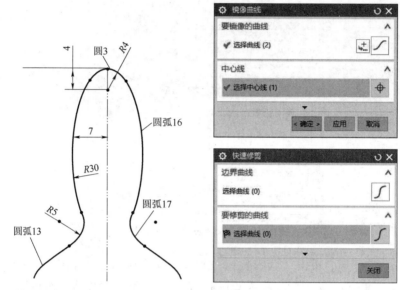

图 2-1-11　绘制右上方外形

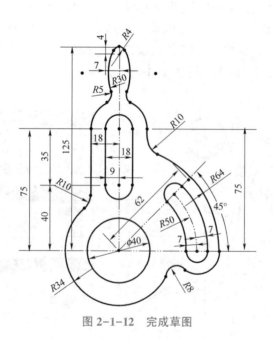

图 2-1-12　完成草图

如图 2-1-13~图 2-1-20 所示，绘制以下草图。

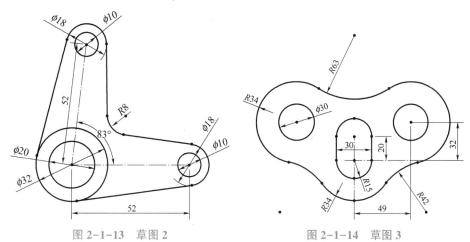

图 2-1-13　草图 2　　　　　　　　图 2-1-14　草图 3

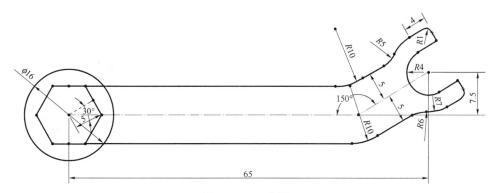

图 2-1-15　草图 4

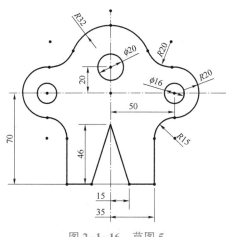

图 2-1-16　草图 5

视频：草图 2-5

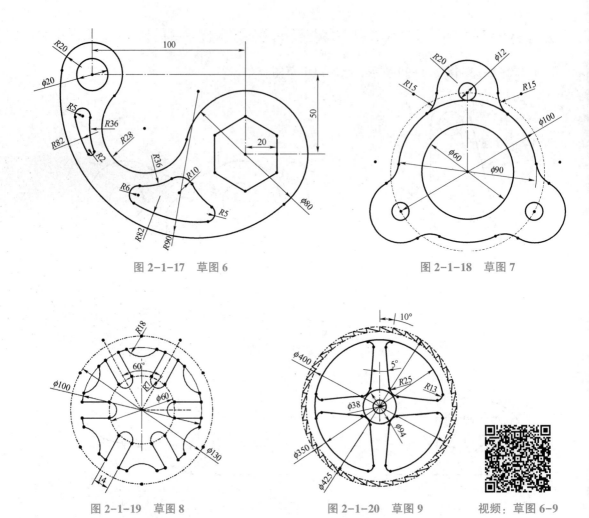

图 2-1-17　草图 6

图 2-1-18　草图 7

图 2-1-19　草图 8

图 2-1-20　草图 9

视频：草图 6-9

任务二　阀杆的建模

【任务导入】

　　根据如图 2-2-1 所示图纸，建立该零件的模型。

【任务分析】

　　该阀杆零件从结构上分析其主体由两部分组成，分别是右端 $\phi18$ mm×12 mm 圆柱体、左端 $\phi14$ mm×38 mm 凸台。右端细节特征为 $SR20$ mm 球面，并且上下削除两方块；左端细节特征为 $\phi14$ mm 圆柱体削成 11 mm×11 mm 正方形，并倒角 1.5 mm×30°。

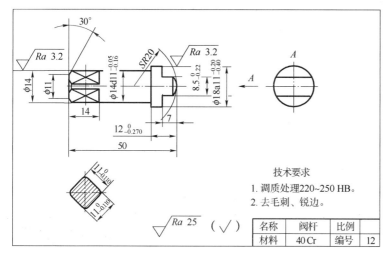

技术要求
1. 调质处理220~250 HB。
2. 去毛刺、锐边。

名称	阀杆	比例	
材料	40 Cr	编号	12

$\sqrt{Ra\ 25}$ ($\sqrt{}$)

图 2-2-1　阀杆

视频：阀杆

【任务实施】

1. 新建阀杆文件。选择"文件"→"新建"命令，弹出"新建"对话框。在 Model 选项卡的"模板"选项区域中选择 Model 命令，在"名称"文本框中输入"阀杆"，在"文件夹"文本框中输入文件保存位置，如图 2-2-2 所示。单击"确定"按钮，进入建模环境。

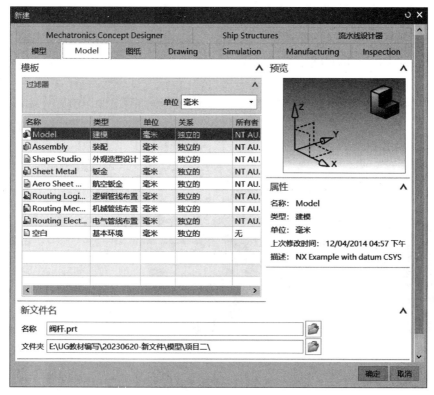

图 2-2-2　新建阀杆文件

2. 创建 $\phi18$ mm×12 mm 圆柱体。选择"插入"→"设计特征"→"圆柱体"命令，弹出"圆柱"对话框，如图 2-2-3 所示，在"类型"下拉列表中选择"轴、直径和高度"命令，轴指定矢量设置为 X 轴，指定点设置为坐标原点（0，0，0），直径设置为 18 mm，高度设置为 12 mm，如图 2-2-3 所示，单击"确定"按钮。

3. 创建右端 $SR20$ mm 球面。选择"插入"→"设计特征"→"球"命令，弹出"球"对话框，如图 2-2-4 所示，在"类型"下拉列表中选择"中心点和直径"命令，中心点设置为（-8，0，0），直径设置为 40 mm，布尔设置为求交，与第 2 步创建的圆柱体求交，从而得到右端 $SR20$ mm 球面。

图 2-2-3 创建 $\phi18$ mm×12 mm 圆柱体

图 2-2-4 创建右端 $SR20$ mm 球面

4. 创建右端草图。选择"插入"→"草图"命令，在 X-Z 平面绘制图 2-2-5 所示草图。

5. 削除右端方块。选择"插入"→"设计特征"→"拉伸"命令，弹出"拉伸"对话框，如图 2-2-6 所示，结束设置为对称值，距离设置为 20 mm，布尔设置为求差。

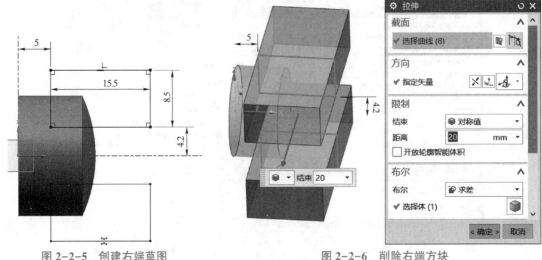

图 2-2-5 创建右端草图

图 2-2-6 削除右端方块

6. 创建 ϕ14 mm×38 mm 凸台。选择"插入"→"设计特征"→"凸台"命令，弹出"凸台"对话框，如图 2-2-7 所示，设置左端面为放置面，凸台参数设置直径为 14 mm，高度为 38 mm，单击"确定"按钮，弹出"定位"对话框，如图 2-2-8 所示，单击"点落在点上"按钮，选择左端圆弧，单击"圆弧中心"按钮，完成 ϕ14 mm×38 mm 凸台的创建。

图 2-2-7　创建 ϕ14 mm×38 mm 凸台

7. 创建左端草图。选择"插入"→"草图"命令，在左端面绘制图 2-2-9 所示草图。

图 2-2-8　"定位"对话框

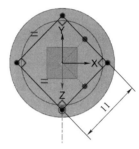

图 2-2-9　创建左端草图

8. 创建左端拉伸特征。选择"插入"→"设计特征"→"拉伸"命令，弹出"拉伸"对话框，如图 2-2-10 所示，截面设置为第 7 步创建的草图，距离设置为 14 mm，偏置设置为两侧，开始设置为 0 mm，结束设置为 5 mm，布尔设置为求差。

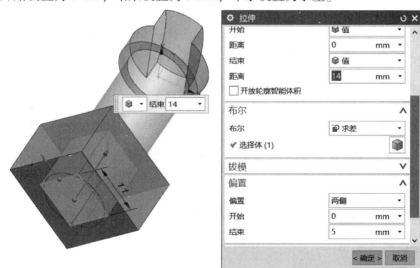

图 2-2-10　创建左端拉伸特征

9. 创建左端倒角特征。选择"插入"→"细节特征"→"倒斜角"命令，弹出"倒斜角"对话框，如图 2-2-11 所示，边设置为左端面 4 条边，横截面设置为偏置和角度，距离设置为 1.5 mm，角度设置为 30°，最终的阀杆模型如图 2-2-12 所示。

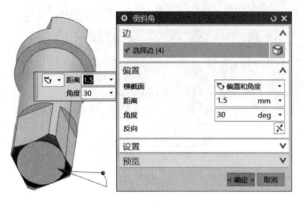

图 2-2-11　创建左端倒角 1.5 mm×30°　　　　　　图 2-2-12　阀杆模型

【上机练习】

1. 根据图 2-2-13 所示图纸，建立该零件的模型，把手右侧可以用布尔求交获得。

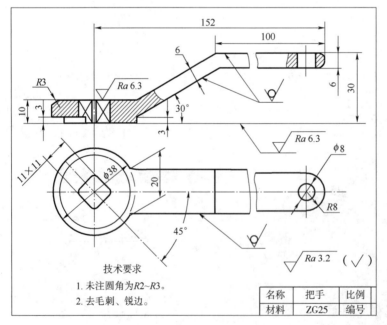

图 2-2-13　把手

视频：把手

2. 根据如图 2-2-14 所示图纸，建立该零件的模型。

3. 根据如图 2-2-15 所示图纸，建立该零件的模型。

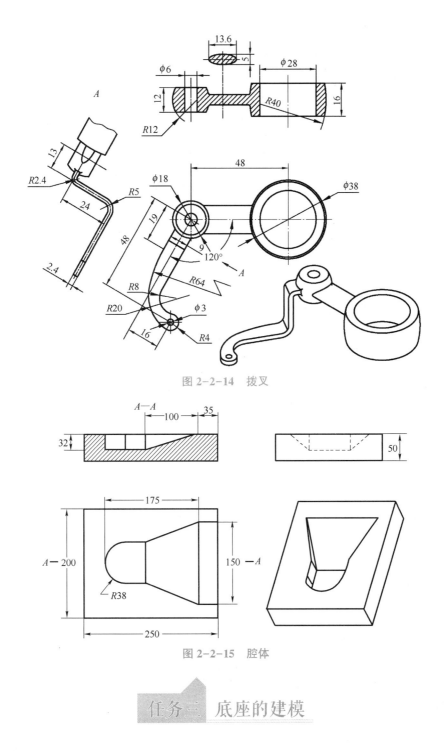

图 2-2-14 拨叉

图 2-2-15 腔体

任务三　底座的建模

【任务导入】

　　根据图 2-3-1 所示图纸，建立该零件的模型。

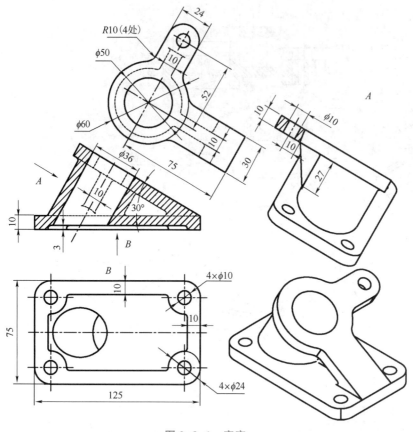

图 2-3-1　底座

【任务分析】

该底座零件从结构上分析由四部分组成，分别是 125 mm×75 mm×10 mm 底座、φ50 mm 斜圆台、斜法兰面，加强筋。建模时一般采取先加后减的方式，先创建四个组成部分，然后打孔、创建圆角。灵活运用"拉伸"命令完成该模型是该实例建模的特色。

【任务实施】

1. 新建"底座"文件。选择"文件"→"新建"命令，弹出"新建"对话框。在"模型"选项卡的"模板"选项区域中选择"模型"命令，在"名称"文本框中输入"底座"，在"文件夹"文本框中输入文件保存位置。单击"确定"按钮，进入建模环境。

2. 创建主体草图。选择"插入"→"草图"命令，在 X-Z 平面绘制图 2-3-2 所示草图。

3. 拉伸底座。选择"插入"→"设计特征"→"拉伸"命令，弹出"拉伸"对话框，如图 2-3-3 所示，截面选择长为 125 mm 的直线，设置为前后拉伸，距离设置为 75/2 mm，偏置设置为两侧，开始设

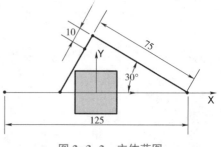

图 2-3-2　主体草图

置为 0 mm，结束设置为 10 mm，即可创建出 125 mm×75 mm×10 mm 的底座。

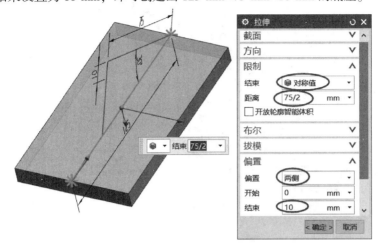

图 2-3-3　拉伸底座

4. 拉伸斜面体。选择"插入"→"设计特征"→"拉伸"命令，弹出"拉伸"对话框，如图 2-3-4 所示，截面选择长为 75 mm 的直线，设置为前后拉伸，距离设置为 15 mm，偏置设置为两侧，开始设置为 0 mm，结束设置为 10 mm，布尔设置为求和，创建 75 mm×30 mm×10 mm 的斜面体。

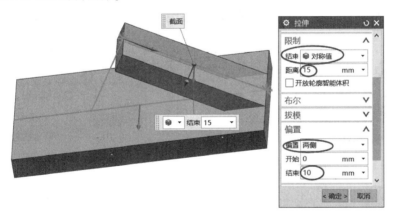

图 2-3-4　拉伸斜面体

5. 拉伸斜面下筋板。选择"插入"→"设计特征"→"拉伸"命令，弹出"拉伸"对话框，如图 2-3-5 所示，截面选择长为 75 mm 的直线，拉伸方向设置为 30°对边，距离设置为 0，结束设置为直至下一个，偏置设置为对称，结束设置为 5 mm，布尔设置为求和，创建厚度为 10 mm 的斜面下筋板。

6. 创建 ϕ50 mm 管道。选择"插入"→"扫掠"→"管道"命令，弹出"管道"对话框，如图 2-3-6 所示，路径选择 30°对边，外径设置为 50 mm，布尔设置为求和，创建 ϕ50 mm 管道。

7. 创建 ϕ60 mm 法兰面。选择"插入"→"扫掠"→"管道"命令，弹出"管道"对话框，路径设置为 30°对边上端 10 mm 的线段，外径设置为 60 mm，布尔设置为求和，创建 ϕ60 mm 法兰面，如图 2-3-7 所示。

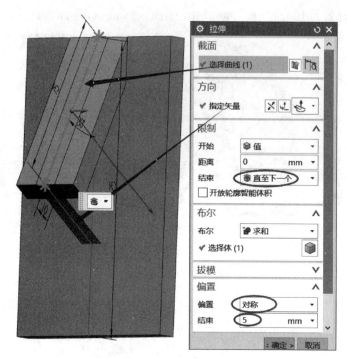

图 2-3-5 拉伸斜面下筋板

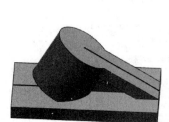

图 2-3-6 创建 φ50 mm 管道

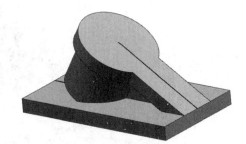

图 2-3-7 创建 φ60 mm 法兰面

8. 拉伸斜面后耳。选择"插入"→"设计特征"→"拉伸"命令，弹出"拉伸"对话框，如图 2-3-8 所示，截面选择 30°对边上端 10 mm 的线段，拉伸方向设置为 Y 轴，开始距离设置为 0 mm，结束距离设置为 64 mm，偏置设置为对称，结束设置为 12 mm，布尔设置为求和，创建厚度为 10 mm 的斜面后耳。

9. 替换面。选择"插入"→"同步建模"→"替换面"命令，弹出"替换面"对话框，如图 2-3-9 所示，要替换的面选择 φ50 mm 圆柱底面，替换面选择底座上表面，偏置距离为 0 mm，单击"确定"按钮。

10. 删除面。选择"插入"→"同步建模"→"删除面"命令，弹出"删除面"对话框，如图 2-3-10 所示，选择底座底部突起面，删除凸起面。

11. 创建后耳加强筋草图。选择"插入"→"草图"命令，弹出"草图"对话框，草图类型设置为基于路径，路径设置为长 75 mm 的斜面直线，靠近圆形，弧长百分比设置为 0，绘制图 2-3-11 所示草图。

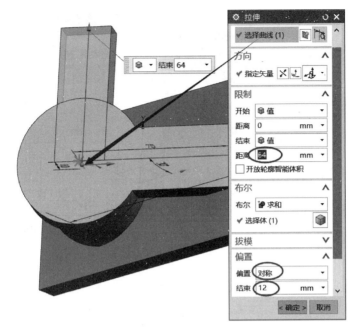

图 2-3-8　拉伸斜面后耳

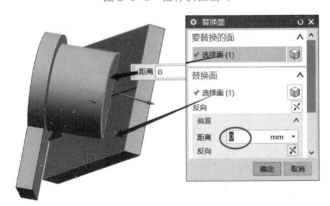

图 2-3-9　替换面

图 2-3-10　删除面

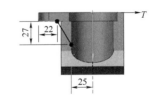

图 2-3-11　创建后耳加强筋草图

　　12. 拉伸后耳加强筋。选择"插入"→"设计特征"→"拉伸"命令，弹出"拉伸"对话框，如图 2-3-12 所示，截面选择第 11 步创建的草图，拉伸方向设置为-Y 轴，开始距离设置为 0 mm，结束设置为直至下一个，偏置设置为对称，结束设置为 5 mm，布尔设置为求和，创建厚度为 10 mm 的后耳加强筋。

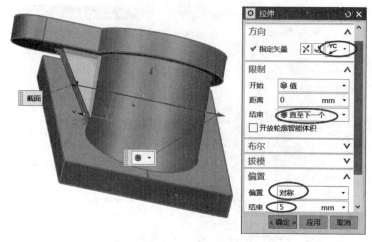

图 2-3-12　拉伸后耳加强筋

13. 边倒圆 $R12$ mm。选择"插入"→"细节特征"→"边倒圆"命令，弹出"边倒圆"对话框，选择后耳拐角边、底座拐角边，完成边倒圆 $R12$ mm，如图 2-3-13 所示。

14. 拉伸底座凹槽。选择"插入"→"设计特征"→"拉伸"命令，弹出"拉伸"对话框，如图 2-3-14 所示，截面选择底座下表面外轮廓，拉伸方向设置为 Z 轴，开始距离设置为 0 mm，结束距离设置为 3 mm，偏置设置为-10，布尔设置为求差，创建深度为 3 mm 的底座凹槽。

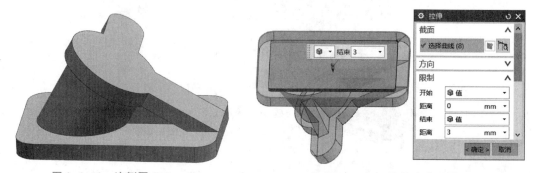

图 2-3-13　边倒圆 $R12$ mm　　　　　　图 2-3-14　拉伸底座凹槽

15. 创建底座底面拐角 $\phi24$ mm×3 mm 凸台。选择"插入"→"设计特征"→"凸台"命令，弹出"凸台"对话框，如图 2-3-15 所示，放置面选底部凹槽面，直径设置为24 mm，高度设置为 3 mm，定位设置为点落在点上，选择底座 $R12$ mm 圆弧圆心，创建底座底面拐角 $\phi24$ mm×3 mm 凸台。

图 2-3-15　创建底座底面拐角 $\phi24$ mm×3 mm 凸台

16. 阵列 ϕ24 mm×3 mm 凸台。选择"插入"→"关联复制"→"阵列特征"命令，弹出"阵列特征"对话框，如图 2-3-16 所示，阵列对象选择 ϕ24 mm 凸台，布局设置为线性，方向 1 设置为 X 轴，数量设置为 2，节距设置为 101 mm，方向 2 设置为 Y 轴，数量设置为 2，节距设置为 51 mm。

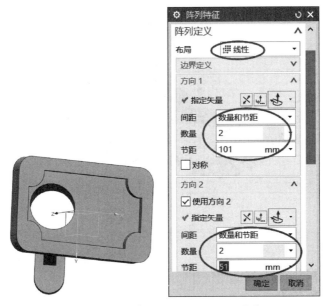

图 2-3-16　阵列 ϕ24 mm×3 mm 凸台

17. 创建 ϕ36 mm 孔。选择"插入"→"设计特征"→"孔"命令，弹出"孔"对话框，如图 2-3-17 所示，选择斜面 ϕ60 mm 圆弧圆心，创建 ϕ36 mm 通孔。

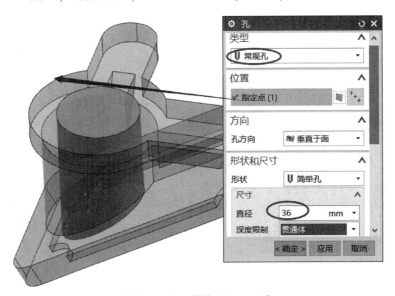

图 2-3-17　创建 ϕ36 mm 孔

18. 创建 ϕ10 mm 通孔。选择"插入"→"设计特征"→"孔"命令，选择底面 4 处拐

角的圆心和后耳 $\phi24$ mm 圆弧圆心，创建 $\phi10$ mm 通孔。

19. 创建 $R10$ mm、$R2$ mm 圆角。选择"插入"→"细节特征"→"边倒圆"命令，弹出"边倒圆"对话框，选择 4 个斜面拐角边倒 $R10$ mm 圆角，选择其余非加工表面边线倒 $R2$ mm 圆角，完成底座模型，如图 2-3-18 所示。

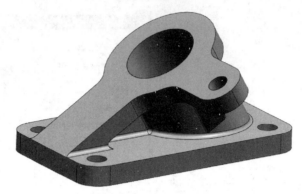

图 2-3-18　底座模型

【上机练习】

1. 根据图 2-3-19 所示图纸，建立该零件的模型。

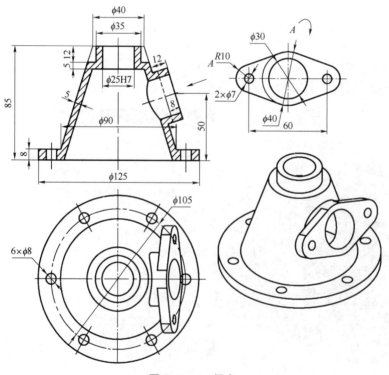

图 2-3-19　阀座

视频：阀座

2. 根据图 2-3-20 所示图纸，建立该零件的模型。

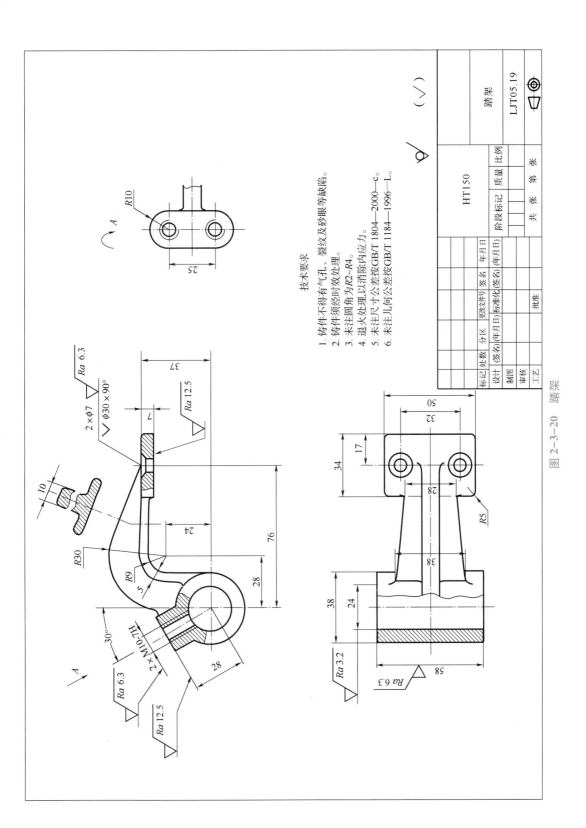

技术要求

1. 铸件不得有气孔、裂纹及砂眼等缺陷。
2. 铸件须经时效处理。
3. 未注圆角为R2~R4。
4. 退火处理以消除内应力。
5. 未注尺寸公差按GB/T 1804—2000—c。
6. 未注几何公差按GB/T 1184—1996—L。

图 2-3-20 踏架

任务四 手轮的建模

【任务导入】

根据图 2-4-1 所示图纸，建立该零件的模型。

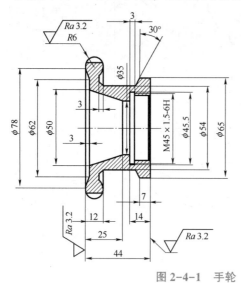

图 2-4-1 手轮

视频：手轮

【任务分析】

该手轮零件从结构上分析，由四部分组成，分别是外形、内孔轮廓、倒角、$R10$ mm 圆弧孔。建模时一般采取先加后减的方式，先创建外形和内孔组成部分，然后创建倒斜角、拉伸、阵列特征。

【任务实施】

1. 新建手轮文件。选择"文件"→"新建"命令，弹出"新建"对话框，新建"手轮"文件。

2. 创建手轮草图。选择"插入"→"草图"命令，在 X-Z 平面上绘制图 2-4-2 所示草图。

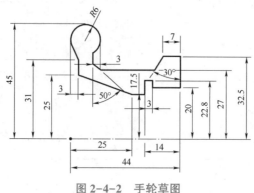

图 2-4-2 手轮草图

3. 旋转手轮。选择"插入"→"设计特征"→"旋转"命令，弹出"旋转"对话框，如图2-4-3所示，截面选择第2步创建的草图，轴选择 X 轴，点选择原点，旋转角度设置为0~360°，旋转手轮结果如图2-4-4所示。

图2-4-3 "旋转"对话框

图2-4-4 旋转手轮结果

4. 内孔边倒斜角。选择"插入"→"细节特征"→"倒斜角"命令，弹出"倒斜角"对话框，如图2-4-5所示。边选择图2-4-6所示的曲线1。

图2-4-5 "倒斜角"对话框

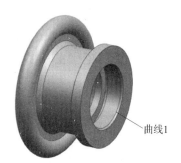

图2-4-6 选择边

5. 外圈草图。选择"插入"→"草图"命令，绘制图2-4-7所示草图，标注圆的半径为10 mm，设置圆下方点距离 X 轴高度为42 mm。

6. 外圈拉伸。选择"插入"→"设计特征"→"拉伸"命令，弹出"拉伸"对话框，如图2-4-8所示，截面选择第5步创建的草图，拉伸距离设置为20 mm，布尔设置为求差，外圈拉伸结果如图2-4-9所示。

7. 外圈阵列。选择"插入"→"关联复制"→"阵列特征"命令，弹出"阵列特征"对话框，如图2-4-10所示，选择

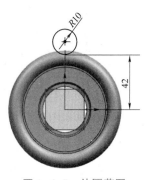

图2-4-7 外圈草图

外圈拉伸的特征，布局设置为圆形，指定矢量设置为 X 轴，指定点选择原点，数量设置为 8，节距角设置为 45°，单击"确定"按钮。最终手轮模型如图 2-4-11 所示。

图 2-4-8　外圈拉伸设置

图 2-4-9　外圈拉伸结果

图 2-4-10　外圈阵列设置

图 2-4-11　手轮模型

【上机练习】

1. 根据图 2-4-12 所示图纸，建立该零件的模型。

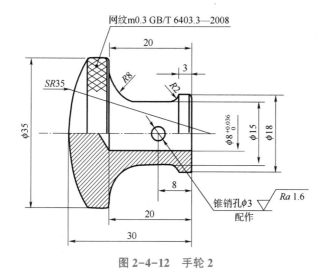

网纹m0.3 GB/T 6403.3—2008

图 2-4-12　手轮 2

视频：手轮 2

2. 根据图 2-4-13 所示图纸，建立该零件的模型。

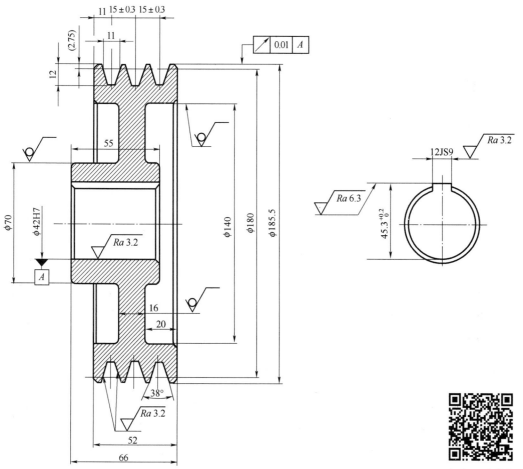

图 2-4-13　皮带轮

视频：皮带轮

【任务导入】

根据如图 2-5-1 所示图纸，建立该零件的模型。

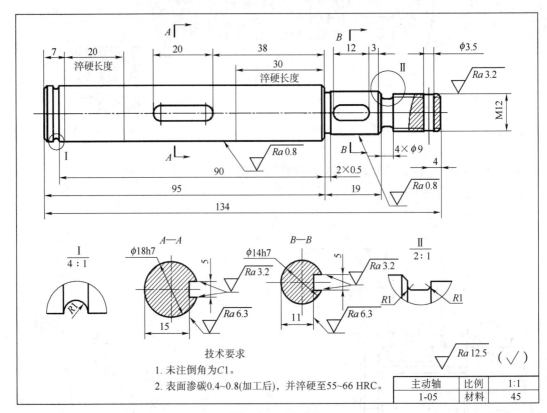

图 2-5-1 主动轴

【任务分析】

该主动轴零件从结构上分析，除了轴主体部分，还有其他 4 种结构，分别是退刀槽、键槽、销孔、螺纹。设计键槽需要构建基准平面。

视频：主动轴

【任务实施】

1. 新建主动轴文件。选择"文件"→"新建"命令，弹出"新建"对话框。在"模型"选项卡的"模板"选项区域中选择"模型"命令，在"名称"文本框中输入"主动轴"，在"文件夹"文本框中输入文件保存位置。单击"确定"按钮，进入建模环境。

2. 创建 ϕ18 mm×95 mm 圆柱体。选择"插入"→"设计特征"→"圆柱体"命令，弹出"圆柱"对话框，如图 2-5-2 所示，指定矢量为 X 轴，直径设置为 18 mm，高度设置为 95 mm。

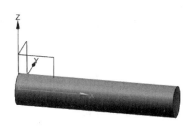

图 2-5-2　创建 φ18 mm×95 mm 圆柱体

3. 创建 φ14 mm×19 mm 凸台。选择"插入"→"设计特征"→"凸台"命令，弹出"凸台"对话框，如图 2-5-3 所示，放置面选择圆柱右端面，直径设置为 14 mm，高度设置为 19 mm，定位设置为点落在点上，设置左端圆柱外圆与凸台同心。

图 2-5-3　创建 φ14 mm×19 mm 凸台

4. 创建 φ12 mm×20 mm 凸台。选择"插入"→"设计特征"→"凸台"命令，弹出"凸台"对话框，如图 2-5-4 所示，放置面选择第 3 步创建的凸台右端面，直径设置为 12 mm，高度设置为 20 mm，定位设置为点落在点上，设置左端圆柱外圆与该凸台同心。

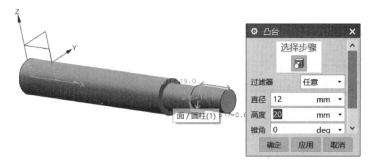

图 2-5-4　创建 φ12 mm×20 mm 凸台

5. 创建 R1 mm×φ16 mm 球形沟槽。选择"插入"→"设计特征"→"槽"命令，弹出"槽"对话框，单击"球形端槽"按钮，放置面选择 φ18 mm 圆柱面，弹出"球形端槽"对话框，槽直径设置为 16 mm，球直径设置为 2 mm，如图 2-5-5 所示。如图 2-5-6 所示，定位按顺序选"1"与"2",距离设置为 5 mm,创建 R1 mm×φ16 mm 球形沟槽。

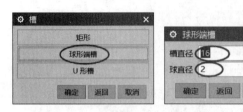

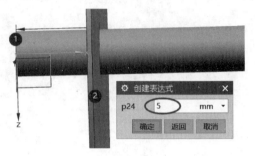

图 2-5-5　创建 R1 mm×φ16 mm 球形沟槽　　　图 2-5-6　球形沟槽定位

6. 创建 2 mm×R6.5 mm 矩形沟槽。选择"插入"→"设计特征"→"槽"命令,弹出"槽"对话框,选择矩形,放置面选择 φ14 mm 圆柱面,弹出"矩形槽"对话框,槽直径设置为 13 mm,宽度设置为 2 mm,如图 2-5-7 所示。如图 2-5-8 所示,定位按顺序选"1"与"2",两圆之间距离为 0 mm,创建 2 mm×R6.5 mm 矩形沟槽。

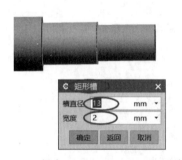

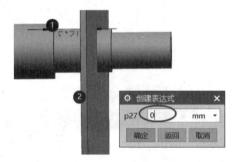

图 2-5-7　创建 2 mm×R6.5 mm 矩形沟槽　　　图 2-5-8　矩形沟槽定位

7. 创建 4 mm×φ9 mmU 形沟槽。选择"插入"→"设计特征"→"槽"命令,弹出"槽"对话框,选择 U 形槽,放置面选择 φ12 mm 圆柱面,弹出"U 形槽"对话框,槽直径设置为 9 mm,宽度设置为 4 mm,拐角半径设置为 1 mm,如图 2-5-9 所示。如图 2-5-10 所示,定位按顺序选"1"与"2",距离设置为 0 mm,创建 4 mm×φ9 mm U 形沟槽。

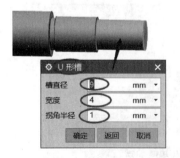

图 2-5-9　创建 4 mm×φ9 mm U 形沟槽　　　图 2-5-10　U 形沟槽定位

8. 创建左键槽放置基准平面。选择"插入"→"基准/点"→"基准平面"命令,弹出"基准平面"对话框,如图 2-5-11 所示,类型设置为自动判断,选择 X-Z 平面和 φ18 mm 圆柱面，角度设置为0°，单击"备选解"按钮，得到与 X-Z 平面平行且相切于圆柱面的前平面。

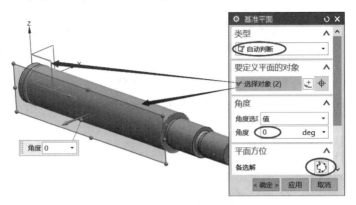

图 2-5-11　创建左键槽放置基准平面

9. 创建 20 mm×5 mm×3 mm 左键槽。选择"插入"→"设计特征"→"键槽"命令，弹出"键槽"对话框，如图 2-5-12 所示，选中"矩形槽"单选按钮，单击"确定"按钮，选择第 8 步创建的基准平面，方向设置为向内，如图 2-5-13 所示，单击"确定"按钮，弹出"水平参考"对话框，如图 2-5-14 所示，选择 X 轴作为水平参考，弹出"矩形键槽"对话框，长度设置为20 mm，宽度设置为 5 mm，深度设置为 3 mm，如图 2-5-15 所示。如图 2-5-16 所示，定位设置为线落在线上，按顺序选"1"与"2"共线；如图 2-5-17 所示，设置为水平定位，按顺序选"1"与"2"，距离设置为 38 mm。

图 2-5-12　"键槽"对话框

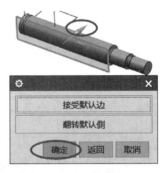

图 2-5-13　矩形槽放置面

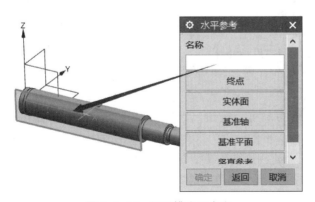

图 2-5-14　矩形槽水平参考

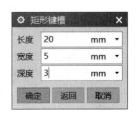

图 2-5-15　"矩形键槽"对话框

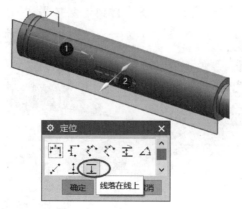

图 2-5-16　矩形槽上下定位

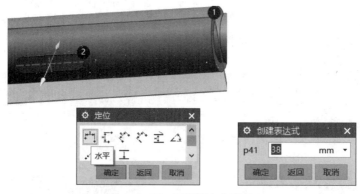

图 2-5-17　矩形槽左右定位

10. 创建 12 mm×5 mm×3 mm 右键槽。参照第 8、第 9 步，创建右键槽放置基准平面和 12 mm×5 mm×3 mm 矩形键槽，如图 2-5-18 所示。

图 2-5-18　创建 12 mm×5 mm×3 mm 右键槽

11. 创建 M12 螺纹。选择"插入"→"设计特征"→"螺纹"命令，弹出"螺纹"对话框，如图 2-5-19 所示，螺纹类型设置为符号，形状设置为 GB193，标注设置为 M12_×_1.0。

12. 创建 ϕ3.5 mm 孔。选择"插入"→"设计特征"→"拉伸"命令，弹出"拉伸"对话框，如图 2-5-20 所示，单击"绘制截面"按钮，选择 X-Y 平面，绘制 ϕ3.5 mm 圆，回到"拉伸"对话框，设置为对称拉伸，布尔设置为求差，创建 ϕ3.5 mm 孔。

13. 创建 C1 mm 倒角。选择"插入"→"细节特征"→"倒斜角"命令，弹出"倒斜角"对话框，如图 2-5-21 所示，横截面设置为对称，距离设置为 1 mm，创建 C1 mm 倒角。最终主动轴模型如图 2-5-22 所示。

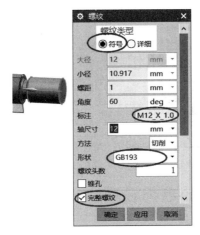

图 2-5-19　创建 M12 螺纹

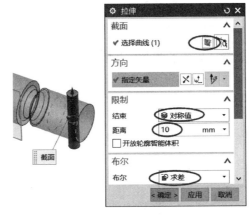

图 2-5-20　创建 ϕ3.5 mm 孔

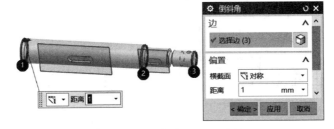

图 2-5-21　创建 C1 mm 倒角

图 2-5-22　主动轴模型

【上机练习】

根据图 2-5-23 所示图纸，建立该零件的模型。

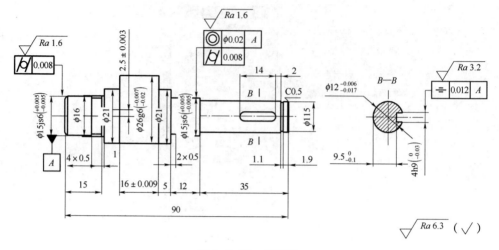

图 2-5-23　传动轴

【任务导入】

根据如图 2-6-1 所示图纸，建立该零件的模型。

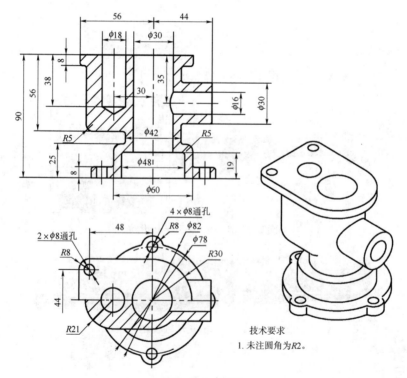

视频：支座

技术要求
1. 未注圆角为R2。

图 2-6-1　支座

【任务分析】

该支座零件从结构上分析，由六部分组成，分别是 ϕ82 mm×8 mm 圆形底座、ϕ60 mm×17 mm 凸台、ϕ42 mm×9 mm 凸台、72 mm×42 mm×48 mm 垫块、86 mm×60 mm×8 mm 垫块、右侧 ϕ30 mm×44 mm 凸台。建模时一般采取先加后减的方式，先创建 6 个组成部分，然后打孔、倒圆角。

【任务实施】

1. 新建支座文件。选择"文件"→"新建"命令，弹出"新建"对话框。在"模型"选项卡的"模板"选项区域中选择"模型"命令，在"名称"文本框中输入"支座"，在"文件夹"文本框中输入文件保存位置。单击"确定"按钮，进入建模环境。

2. 创建底座草图。选择"插入"→"草图"命令，在 X-Y 平面绘制图 2-6-2 所示草图。

3. 拉伸底座。选择"插入"→"设计特征"→"拉伸"命令，弹出"拉伸"对话框，如图 2-6-3 所示，截面设置为区域边界曲线，拉伸高度设置为8 mm，结果如图 2-6-4 所示。

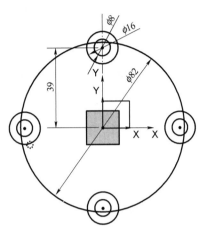

图 2-6-2　底座草图

图 2-6-3　拉伸底座

图 2-6-4　拉伸底座结果

4. 创建 ϕ60 mm×17 mm 凸台。选择"插入"→"设计特征"→"凸台"命令，弹出"凸台"对话框，如图 2-6-5 所示。选择底座上表面，凸台参数设置直径为 60 mm，高度为 17 mm，单击"确定"按钮，定位方式设置为点落在点上，如图 2-6-6 所示。选择底座 ϕ82 mm 圆弧，如图 2-6-7 所示，单击"圆弧中心"按钮，完成 ϕ60 mm 凸台的创建，如图 2-6-8 所示。

图 2-6-5 "凸台"对话框

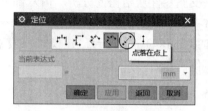

图 2-6-6 设置凸台定位方式

图 2-6-7 设置以圆弧中心定位

图 2-6-8 创建 φ60 mm×17 mm 凸台

5. 创建 φ42 mm×9 mm 凸台。参考第 4 步,在 φ60 mm×17 mm 凸台上表面,创建直径为 42 mm,高度为 9 mm 的凸台,如图 2-6-9 所示。

6. 创建 72 mm×42 mm×48 mm 垫块。选择"插入"→"设计特征"→"垫块"命令,在"垫块"对话框中单击"矩形"按钮,放置面选择 φ42 mm×9 mm 凸台上表面,默认 X 轴为水平参照方向。如图 2-6-10 所示,设置长度为 72 mm,宽度为 42 mm,高度为 48 mm,单击"确定"按钮。如图 2-6-11 所示,设置线落在线上定位方式,选择 X 轴与垫块水平对称线对齐。如图 2-6-12 所示,设置按一定距离平行定位方式,选择 Y 轴与垫块右端线,距离设置为 21 mm,垫块草图如图 2-6-13 所示。创建完成的 72 mm×42 mm×48 mm 垫块如图 2-6-14 所示。

图 2-6-9 创建 φ42 mm×9 mm 凸台

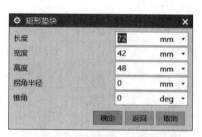

图 2-6-10 设置矩形垫块参数

图 2-6-11 设置线落在线上定位方式

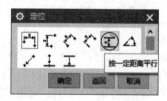

图 2-6-12 设置按一定距离平行定位方式

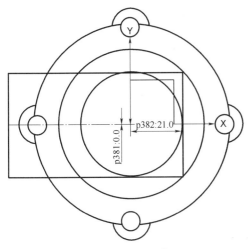

图 2-6-13　垫块草图

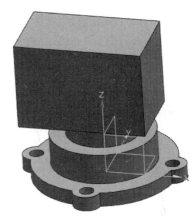

图 2-6-14　创建完成的 72 mm×42 mm×48 mm 垫块

7. 创建 R21 mm 圆角。选择"插入"→"细节特征"→"边倒圆"命令，对第 6 步创建的垫块四条竖边设置 R21 mm 圆角，如图 2-6-15 所示。

8. 创建 86 mm×60 mm×8 mm 垫块。选择"插入"→"设计特征"→"垫块"命令，单击"矩形"按钮，放置位置选择在第 6 步创建的垫块的上表面，水平参照方向选择 X 轴方向，弹出"矩形垫块"对话框，如图 2-6-16 所示。设置长度为 86 mm，宽度为 60 mm，高度为8 mm，单击"确定"按钮。设置为线落在线上定位方式，选择 X 轴与垫块水平对称线对齐；设置为按一定距离平行定位方式，选择 Y 轴与垫块右端线，距离设置为 30 mm。单击"确定"按钮，完成 86 mm×60 mm×8 mm 垫块的创建，如图 2-6-17 所示。

9. 创建 R30 mm、R8 mm 圆角。选择"插入"→"细节特征"→"边倒圆"命令，对第 8 步创建的垫块右边两条竖边设置 R30 mm 圆角，对第 8 步创建的垫块左边两条竖边设置 R8 mm 圆角，如图 2-6-18 所示。

图 2-6-15　创建 R21 mm 圆角

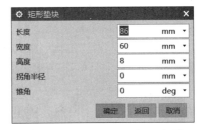

图 2-6-16　"矩形垫块"对话框

图 2-6-17　创建 86 mm×60 mm×8 mm 垫块

图 2-6-18　创建 R30 mm、R8 mm 圆角

10. 创建 ϕ30 mm×44 mm 右侧凸台。选择"插入"→"设计特征"→"凸台"命令，弹出"凸台"对话框，如图 2-6-19 所示。放置面选择 Y-Z 平面，凸台参数设置直径为 30 mm，高度为 44 mm，单击"确定"按钮。如图 2-6-20 所示，设置为点落在线上定位方式，选择 Z 轴，使凸台中心在 Z 轴上。如图 2-6-21 所示，设置为垂直定位方式，选择顶端垫块上方的水平边，设置尺寸为 35 mm。单击"确定"按钮，完成 ϕ30 mm×44 mm 右侧凸台的创建，如图 2-6-22 所示。

图 2-6-19　"凸台"对话框

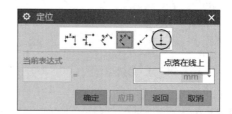

图 2-6-20　设置 ϕ30 mm×44 mm 右侧凸台定位方式

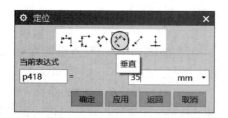

图 2-6-21　设置 ϕ30 mm×44 mm 右侧凸台定位方式

图 2-6-22　创建 ϕ30 mm×44 mm 右侧凸台

11. 创建 ϕ16 mm×44 mm 右侧孔、ϕ8 mm×8 mm 顶端孔。选择"插入"→"设计特征"→"孔"命令，弹出"孔"对话框，如图 2-6-23 所示，选择右侧凸台外圆圆心，设置孔类型为常规孔，形状为简单孔，孔参数设置直径为 16 mm，深度为 44 mm，单击"应用"按钮，完成 ϕ16 mm×44 mm 右侧孔的创建。用同样的方法创建 ϕ8 mm×8 mm 顶端孔，选择顶面两 R8 mm 圆弧圆心，设置孔类型为常规孔，形状为简单孔，孔参数设置直径为 8 mm，深度为 8 mm，单击"确定"按钮，完成 ϕ8 mm×8 mm 顶端孔的创建。

12. 创建底端面 ϕ48 mm×19 mm_30 mm×90 mm 沉头孔。选择"插入"→"设计特征"→"孔"命令，弹出"孔"对话框，如图 2-6-24 所示，选择底面大圆圆心，设置孔类型为常规孔，形状为沉头孔，孔参数设置沉头直径为 48 mm，沉头深度为 19 mm，直径为 30 mm，深度为 90 mm，单击"确定"按钮，完成沉头孔的创建。

13. 创建顶端面 ϕ18 mm×38 mm 一般位置孔。选择"插入"→"设计特征"→"孔"命令，在顶面任取一点，进入草图界面，设置几何约束，使此点与左侧 R21 mm 圆角圆心重合，设置孔类型为常规孔，形状为简单孔，孔参数设置直径为 18 mm，深度为 38 mm，单击"确定"按钮，完成 ϕ18 mm×38 mm 一般位置孔的创建，如图 2-6-25 所示。

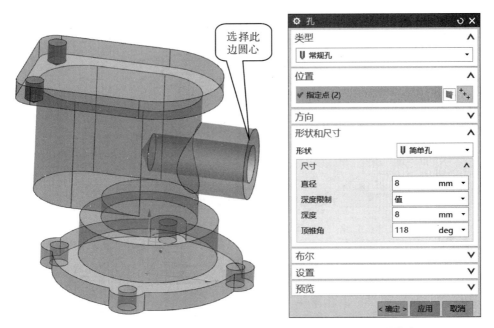

图 2-6-23　创建 φ16 mm×44 mm 右侧孔、φ8 mm×8 mm 顶端孔

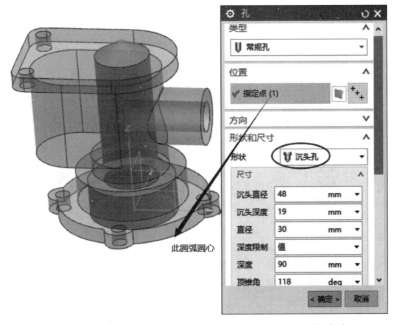

图 2-6-24　创建 φ48 mm×19 mm_30 mm×90 mm 沉头孔

14. 创建 R2 mm 未注圆角。选择"插入"→"细节特征"→"边倒圆"命令，在模型非加工表面设置 R2 mm 圆角，支座模型最终结果如图 2-6-26 所示。

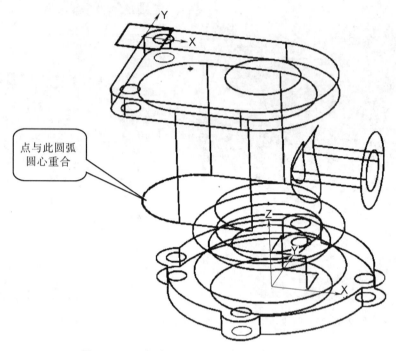

点与此圆弧
圆心重合

图 2-6-25　创建 φ18 mm×38 mm 一般位置孔

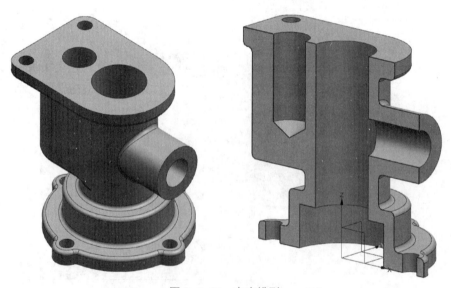

图 2-6-26　支座模型

【上机练习】

1. 根据图 2-6-27 所示图纸，建立该零件的模型。

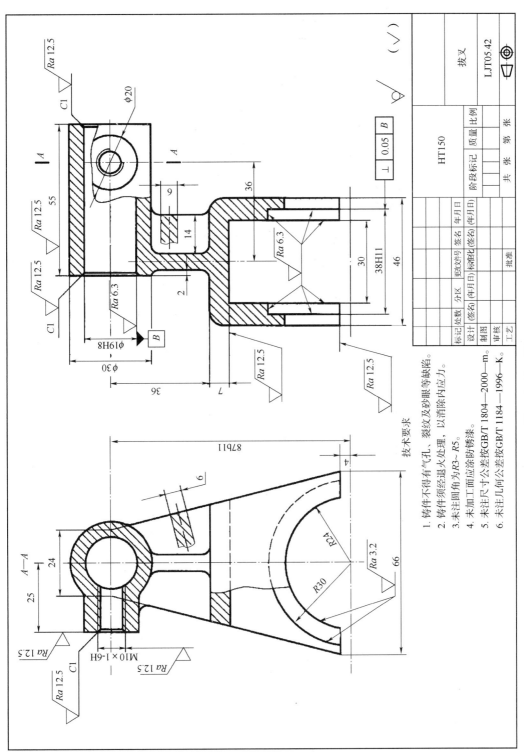

技术要求
1. 铸件不得有气孔、裂纹及砂眼等缺陷。
2. 铸件须经退火处理，以消除内应力。
3. 未注圆角为R3~R5。
4. 未加工面应涂防锈漆。
5. 未注尺寸公差按GB/T 1804—2000—m。
6. 未注几何公差按GB/T 1184—1996—K。

图 2-6-27 拨叉

模块二　实体建模　■　57

2. 根据图 2-6-28 所示图纸，建立该零件的模型。

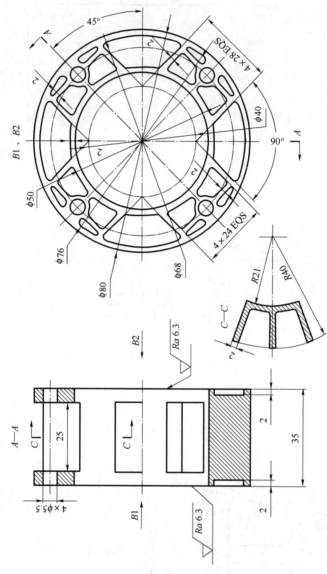

图 2-6-28　电机连接座

 齿轮的建模

【任务导入】

根据图 2-7-1 所示图纸，建立该零件的模型。

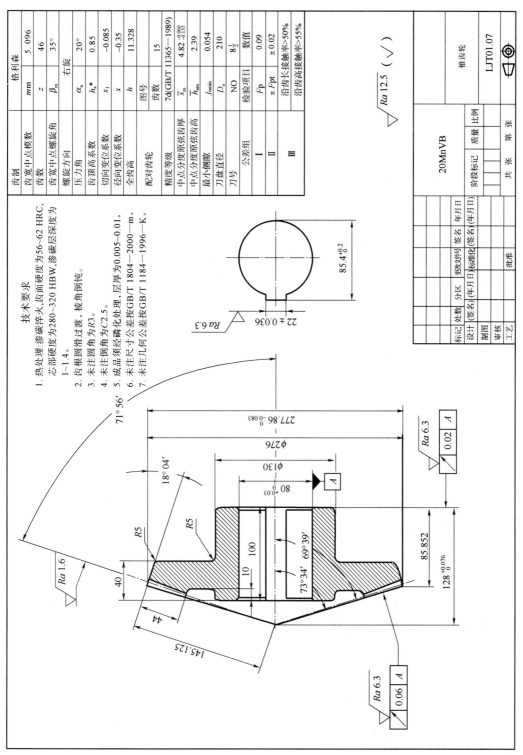

齿制	格利森		mm
齿宽中点模数	m_m		5.096
齿数	z		46
齿宽中点螺旋角	β_m		35°
齿宽中点螺旋方向	右旋		
压力角	α_n		20°
齿顶高系数	h_a^*		0.85
切向变位系数	x_1		-0.085
径向变位系数	x		-0.35
全齿高	h		11.328
配对齿轮	图号		15
	齿数		
精度等级	7d(GB/T 11365—1989)		
检验项目		NO	数值
中点分度圆弦齿厚	$\bar{s}_m$		$4.82^{-0.060}_{-0.135}$
中点分度圆弦齿高	$\bar{h}_m$		2.39
最小侧隙	j_{nmin}		0.054
刀盘直径	D_o		210
刀号			$8\frac{1}{2}$
公差组 I	$\pm F_p$		0.09
II	$\pm F_{pt}$		±0.02
III	沿齿长接触率>50%		
	沿齿高接触率>55%		

技术要求

1. 热处理：渗碳淬火，齿面硬度为56~62 HRC，芯部硬度为280~320 HBW，渗碳层深度为1~1.4。
2. 齿根圆滑过渡，棱角倒钝。
3. 未注圆角为R3。
4. 未注倒角为C2.5。
5. 成品须经磷化处理，层厚为0.005~0.01。
6. 未注尺寸公差按GB/T 1804—2000—m。
7. 未注几何公差按GB/T 1184—1996—K。

20MnVB

锥齿轮

LJT01.07

图 2-7-1 锥齿轮

【任务分析】

齿轮是传统的传动零件，UG NX 10.0有专门的齿轮设计命令。该锥齿轮零件从结构上分析主要由两部分组成，分别是锥齿部分和中轴部分。建模时一般先建模锥齿部分，这部分是该模型核心部分，也是该模型难点。

【任务实施】

1. 新建锥齿轮文件。选择"文件"→"新建"命令，弹出"新建"对话框。在"模型"选项卡的"模板"选项区域中选择"模型"命令，在"名称"文本框中输入"锥齿轮"，在"文件夹"文本框中输入文件保存位置。单击"确定"按钮，进入建模环境。

2. 创建锥齿轮主体。选择"GC工具箱"→"齿轮建模"→"锥齿轮"命令，弹出"锥齿轮建模"对话框，如图2-7-2所示。选中"创建齿轮"单选按钮，单击"确定"按钮，弹出"圆锥齿轮类型"对话框，如图2-7-3所示。选中"斜齿轮"单选按钮，单击"确定"按钮，弹出"圆锥齿轮参数"对话框，如图2-7-4所示，输入锥齿轮参数，单击"确定"按钮，弹出"矢量"对话框。如图2-7-5所示，要定义矢量的对象设置为X轴，单击"反向"按钮，再单击"确定"按钮，弹出"点"对话框。如图2-7-6所示，"点位置"设置为坐标原点，创建锥齿轮主体，如图2-7-7所示。

图2-7-2 "锥齿轮建模"对话框

图2-7-3 "圆锥齿轮类型"对话框

图2-7-4 锥齿轮参数设置

视频：斜锥齿轮

图2-7-5 设置锥齿轮方向为-X轴

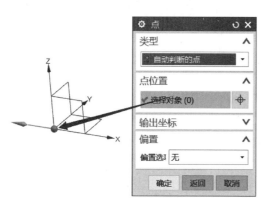

图 2-7-6 设置圆锥顶点为坐标原点

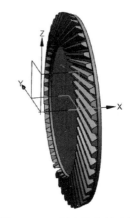

图 2-7-7 创建锥齿轮主体

3. 创建 ϕ130 mm×10 mm 凸台。选择"插入"→"设计特征"→"凸台"命令,弹出"凸台"对话框,如图 2-7-8 所示,选择锥齿轮左端面,输入凸台参数,直径设置为 130 mm,高度设置为 10 mm,单击"确定"按钮,弹出"定位"对话框,单击"点落在点上"按钮,选择指定圆弧,弹出"设置圆弧的位置"对话框,单击"圆弧中心"按钮,使凸台与所选圆同心,如图 2-7-9 所示。

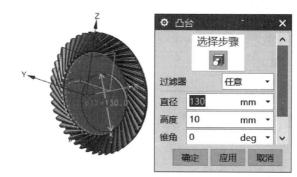

图 2-7-8 创建 ϕ130 mm×10 mm 凸台

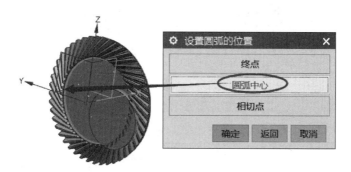

图 2-7-9 设置 ϕ130 mm×10 mm 凸台定位方式

4. 替换面。选择"插入"→"同步建模"→"替换面"命令,弹出"替换面"对话框,如图 2-7-10 所示,要替换的面选择锥齿轮右端面,替换面选择凸台左端面,偏置距离设置为 40 mm,使凸台左端面与锥齿轮右端面距离为 40 mm。

图 2-7-10　替换面

5. 拉伸 ϕ130 mm×100 mm 圆柱体。选择"插入"→"设计特征"→"拉伸"命令，弹出"拉伸"对话框，如图 2-7-11 所示，截面选择凸台左端面外圆，方向设置为 X 轴方向，开始距离设置为 0 mm，结束距离设置为 100 mm，布尔设置为求和，拉伸 ϕ130 mm×100 mm 圆柱体。

图 2-7-11　拉伸 ϕ130 mm×100 mm 圆柱体

6. 创建 ϕ80 mm 通孔。选择"插入"→"设计特征"→"孔"命令，弹出"孔"对话框，如图 2-7-12 所示，位置选择左端面圆弧圆心，直径设置为 80 mm，深度限制设置为贯通体，创建 ϕ80 mm 通孔。

7. 创建键槽。选择"插入"→"设计特征"→"腔体"命令，弹出"腔体"对话框，如图 2-7-13 所示。单击"矩形"按钮，再单击"确定"按钮，选择凸台左端面为放置面，默认向右为水平参照，弹出"矩形腔体"对话框，长度设置为 45.4 mm，宽度设置为 22 mm，深度设置为 100 mm，如图 2-7-14 所示。单击"确定"按钮，弹出"定位"对话框，单击"线落在线上"按钮，设置 Y 轴与腔体水平中心线对齐，再单击"线落在线上"按钮，设置 Z 轴与腔体右端线对齐，如图 2-7-15 所示。

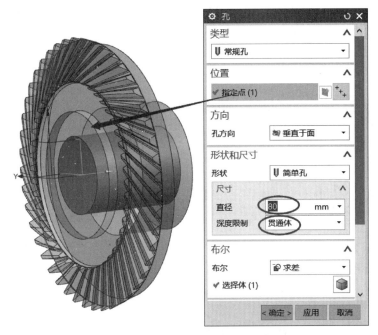

图 2-7-12　创建 $\phi80$ mm 通孔

图 2-7-13　"腔体"对话框

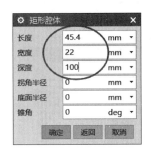

图 2-7-14　"矩形腔体"对话框

8. 创建圆角。选择"插入"→"细节特征"→"边倒圆"命令，弹出"边倒圆"对话框，如图 2-7-16 所示。要倒圆的边选择图 2-7-16 所示两条边，圆角半径设置为 5 mm，其他非加工面的边线圆角半径设置为 3 mm。

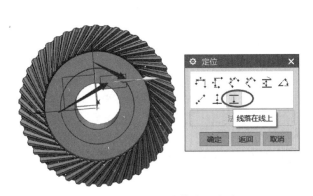

图 2-7-15　设置键槽定位方式

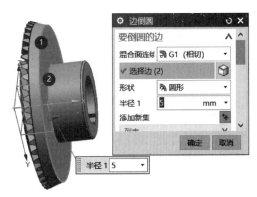

图 2-7-16　创建 $R5$ mm 圆角

9. 创建倒角 $C2.5$ mm。选择"插入"→"细节特征"→"倒斜角"命令，弹出"倒斜角"对话框，如图 2-7-17 所示，倒角边选择孔 $\phi80$ mm 端线，偏置距离设置为 2.5 mm。最终模型如图 2-7-18 所示。

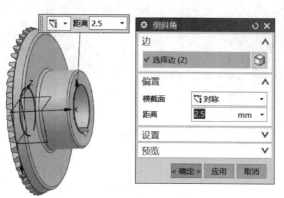

图 2-7-17　创建倒角 $C2.5$ mm　　　　　图 2-7-18　锥齿轮模型

10. 创建配对锥齿轮。参考第 2 步，选择"GC 工具箱"→"齿轮建模"→"锥齿轮"命令，弹出"圆锥齿轮参数"对话框，设置配对锥齿轮参数，如图 2-7-19 所示。如图 2-7-20 所示，要定义矢量的对象设置为 Z 轴，创建配对锥齿轮，如图 2-7-21 所示。

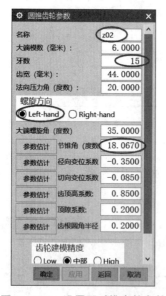

图 2-7-19　设置配对锥齿轮参数　　　　　图 2-7-20　设置配对锥齿轮方向

11. 配对锥齿轮啮合。参考第 2 步，选择"GC 工具箱"→"齿轮建模"→"锥齿轮"命令，弹出"锥齿轮建模"对话框，如图 2-7-22 所示。选中"齿轮啮合"单选按钮，单击"确定"按钮，弹出"选择齿轮啮合"对话框，如图 2-7-23 所示。按 1~5 顺序设置齿轮，使 z01 齿轮为主动齿轮，z02 为从动齿轮。如图 2-7-24 所示，设置从动轴轴向向量为 Z 轴，单击"确定"按钮，两齿轮啮合成功，如图 2-7-25 所示。

图 2-7-21　创建配对锥齿轮　　图 2-7-22　"锥齿轮建模"对话框

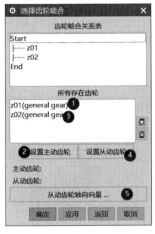

图 2-7-23　"选择齿轮啮合"对话框

图 2-7-24　设置从动轴轴向向量

图 2-7-25　配对锥齿轮啮合

【上机练习】

1. 根据图 2-7-26 所示图纸，建立该零件的模型。
2. 根据图 2-7-27 所示图纸，建立该零件的模型。

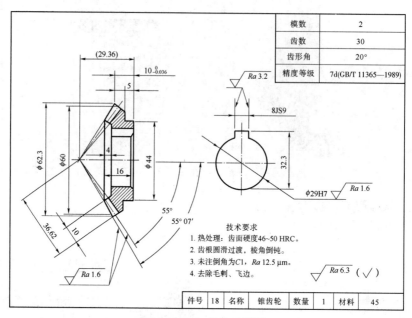

模数	2
齿数	30
齿形角	20°
精度等级	7d(GB/T 11365—1989)

技术要求

1. 热处理：齿面硬度46~50 HRC。
2. 齿根圆滑过渡，棱角倒钝。
3. 未注倒角为C1，Ra 12.5 μm。
4. 去除毛刺、飞边。

件号	18	名称	锥齿轮	数量	1	材料	45

图 2-7-26　锥齿轮模型

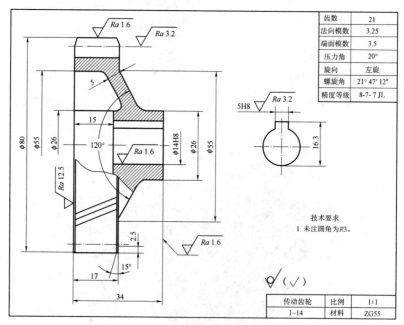

齿数	21
法向模数	3.25
端面模数	3.5
压力角	20°
旋向	左旋
螺旋角	21° 47′ 12″
精度等级	8-7- 7 JL

技术要求

1. 未注圆角为R3。

传动齿轮		比例	1:1
1~14		材料	ZG55

图 2-7-27　圆柱斜齿轮

任务八　阀盖的建模

【任务导入】

　　根据如图 2-8-1 所示图纸，建立该零件的模型，该模型是成图大赛样题。

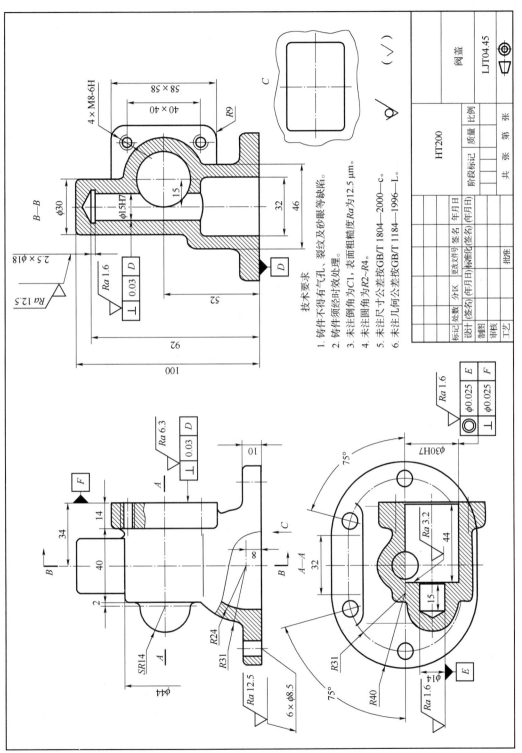

技术要求

1. 铸件不得有气孔、裂纹及砂眼等缺陷。
2. 铸件须经时效处理。
3. 未注倒角为C1，表面粗糙度Ra为12.5 μm。
4. 未注圆角为R2~R4。
5. 未注尺寸公差按GB/T 1804—2000—c。
6. 未注几何公差按GB/T 1184—1996—L。

图 2-8-1 阀盖

【任务分析】

　　该阀盖零件从结构上分析由六部分组成，分别是下底座、中间半圆柱体、上凸台、中间圆柱体、右垫块、左凸台。建模时一般采取先加后减的方式，首先创建下底座、中间半圆柱体、上凸台、中间圆柱体、右垫块和左凸台基础部分，然后进行打孔，拉伸，镜像，边倒圆等特征操作。

【任务实施】

视频：阀盖

　　1. 新建阀盖文件。选择"文件"→"新建"命令，弹出"新建"对话框。在"模型"选项卡的"模板"选项区域中选择"模型"命令，在"名称"文本框中输入"阀盖"，在"文件夹"文本框中输入文件保存位置。单击"确定"按钮，进入建模环境。

　　2. 创建下底座。选择"插入"→"设计特征"→"长方体"命令，弹出"块"对话框，如图 2-8-2 所示，设置长度为 112 mm，宽度为 80 mm，高度为 10 mm。选择"插入"→"基准/点"→"点"命令，弹出"点"对话框，如图 2-8-3 所示，设置原点的 X 轴坐标值为 -56 mm，Y 轴坐标数值为 -40 mm。创建下底座如图 2-8-4 所示。

图 2-8-2　下底座参数设置

图 2-8-3　下底座原点设置

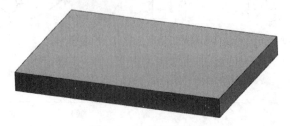

图 2-8-4　创建下底座

3. 下底座倒圆角。选择"插入"→"细节特征"→"边倒圆"命令，弹出"边倒圆"对话框，如图 2-8-5 所示，要倒圆的边选择下底座的四条竖边，半径设置为 40 mm。下底座倒圆角如图 2-8-6 所示。

图 2-8-5　下底座倒圆角参数设置

图 2-8-6　下底座倒圆角

4. 创建中间半圆柱体。如图 2-8-7 所示，草图基准平面选择 X-Z 平面，画一个半圆。如图 2-8-8 所示，用草图进行拉伸，单边拉伸距离设置为 23 mm，布尔设置为求和。创建中间半圆柱体如图 2-8-9 所示。

图 2-8-8　中间半圆柱体草图拉伸设置

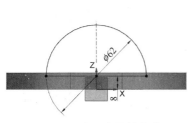

图 2-8-7　中间半圆柱体草图

5. 创建上凸台。如图 2-8-10 所示，草图基准平面选择 X-Y 平面，画一个圆，直径为 30 mm。如图 2-8-11 所示，用草图进行拉伸，拉伸距离设置为 100 mm，布尔设置为求和。创建上凸台如图 2-8-12 所示。

图 2-8-9　创建中间半圆柱

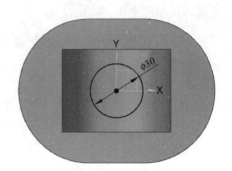

图 2-8-10　上凸台草图

图 2-8-11　上凸台草图拉伸设置

图 2-8-12　创建上凸台

6. 创建中间圆柱体。如图 2-8-13 所示，草图基准平面选择 X-Z 平面，画一个圆，直径为 44 mm，距 X 轴 52 mm，距 Z 轴 15 mm。如图 2-8-14 所示，用草图进行拉伸，单边拉伸距离设置为 20 mm，布尔设置为求和。创建中间圆柱体如图 2-8-15 所示。

7. 创建右垫块。选择"插入"→"设计特征"→"垫块"命令，弹出"垫块"对话框，单击"矩形"按钮，在"编辑参数"对话框中，长度设置为 58 mm，宽度设置为 58 mm，高度设置为 14 mm，如图 2-8-16 所示。创建右垫块如图 2-8-17 所示。

8. 右垫块倒圆角。选择"插入"→"细节特征"→"边倒圆"命令，弹出"边倒圆"对话框，如图 2-8-18 所示，要倒圆的边选择右垫块的四条边，半径设置为 9 mm。右垫块倒圆角如图 2-8-19 所示。

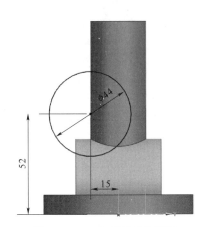

图 2-8-13　中间圆柱体草图

图 2-8-14　中间圆柱体草图拉伸设置

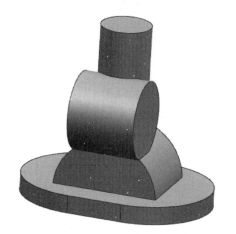

图 2-8-15　创建中间圆柱体

图 2-8-16　右垫块参数设置

图 2-8-17　创建右垫块

图 2-8-18　右垫块倒圆角参数设置

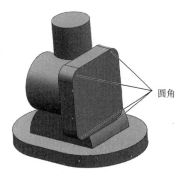

图 2-8-19　右垫块倒圆角

9. 创建左凸台。选择"插入"→"设计特征"→"凸台"命令，弹出"凸台"对话框，面选择中间半圆柱体的左面，直径设置为 28 mm，高度设置为 16 mm，如图 2-8-20 所示。创建左凸台如图 2-8-21 所示。

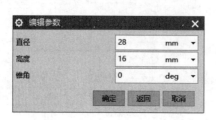

图 2-8-20　左凸台参数设置

图 2-8-21　创建左凸台

10. 左凸台倒圆角。选择"插入"→"细节特征"→"边倒圆"命令，弹出"边倒圆"对话框，如图 2-8-22 所示，要倒圆的边选择左凸台的边，半径设置为 14 mm。左凸台倒圆角如图 2-8-23 所示。

图 2-8-22　左凸台倒圆角参数设置

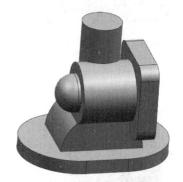

图 2-8-23　左凸台倒圆角

11. 下底座 φ15 mm 孔。选择"插入"→"设计特征"→"孔"命令，参数设置如图 2-8-24 所示，指定点选择坐标原点，直径设置为 15 mm，深度设置为 92 mm，顶锥角设置为 118°，布尔设置为求差。下底座 φ15 mm 孔如图 2-8-25 所示。

图 2-8-24　下底座 φ15 mm 孔参数设置

图 2-8-25　下底座 φ15 mm 孔

12. 下底座半圆孔。如图 2-8-26 所示，草图基准平面选择 X-Z 平面，画一个半圆。如图 2-8-27 所示，用草图进行拉伸，单边拉伸距离设置为 16 mm，布尔设置为求差。下底座半圆孔如图 2-8-28 所示。

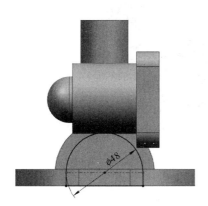

图 2-8-26 下底座半圆孔草图

图 2-8-27 下底座半圆孔草图拉伸设置

图 2-8-28 下底座半圆孔

13. 右垫块圆孔。选择"插入"→"设计特征"→"孔"命令，弹出"孔"对话框，如图 2-8-29 所示，指定点选择右垫块右端面圆心，直径设置为 30 mm，深度设置为 44 mm，布尔设置为求差。右垫块圆孔如图 2-8-30 所示。

14. 右垫块小圆孔。选择"插入"→"设计特征"→"孔"命令，弹出"孔"对话框，如图 2-8-31 所示，指定点选择右垫块圆孔左端面圆心，直径设置为 14 mm，深度设置为 15 mm，顶锥角设置为 118°，布尔设置为求差。右垫块小圆孔如图 2-8-32 所示。

15. 小圆孔倒角。选择"插入"→"细节特征"→"倒斜角"命令，弹出"倒斜角"对话框，如图 2-8-33 所示，边指定为小圆孔边线，距离设置为 1 mm。小圆孔倒角如图 2-8-34 所示。

图 2-8-29　右垫块圆孔参数设置

图 2-8-30　右垫块圆孔

图 2-8-31　右垫块小圆孔参数设置

图 2-8-32　右垫块小圆孔

图 2-8-33　小圆孔倒角参数设置

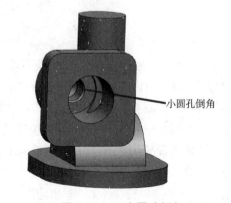

图 2-8-34　小圆孔倒角

16. 右垫块右上角螺纹孔。选择"插入"→"设计特征"→"孔"命令，弹出"孔"对话框，如图 2-8-35 所示，类型设置为螺纹孔，设置大小为 M8×1.25，径向进刀为 0.75，螺纹深度为 14 mm，旋向右旋，螺纹深度为 14 mm。右垫块右上角螺纹孔如图 2-8-36 所示。

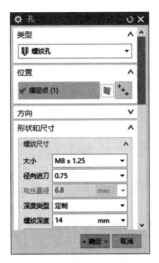
图 2-8-35　螺纹孔参数设置

图 2-8-36　右垫块右上角螺纹孔

17. 阵列螺纹孔。选择"插入"→"关联复制"→"阵列特征"命令，弹出"阵列特征"对话框，如图 2-8-37 所示，布局设置为线性，方向 1 设置为-Y 轴方向，数量设置为 2，节距设置为 40 mm，方向 2 设置为-Z 轴方向，数量设置为 2，节距设置为 40 mm，单击"确定"按钮。阵列螺纹孔如图 2-8-38 所示。

图 2-8-37　阵列螺纹孔参数设置

图 2-8-38　阵列螺纹孔

18. 下底座 $\phi8.5$ mm 孔。选择"插入"→"设计特征"→"孔"命令，弹出"孔"对话框，如图 2-8-39 所示，类型设置为常规孔，点设置为与 Y 轴 15°夹角，斜向长度设置为 31 mm，形状设置为简单孔，直径设置为 8.5 mm，深度设置为 15 mm，顶锥角设置为 118°，布尔设置为求差，单击"确定"按钮。下底座 $\phi8.5$ mm 孔的模型如图 2-8-40 所示。

图 2-8-39　下底座 $\phi8.5$ mm 孔参数设置　　　　图 2-8-40　下底座 $\phi8.5$ mm 孔

19. 下底座阵列 $\phi8.5$ mm 孔。选择"插入"→"关联复制"→"阵列特征"命令，弹出"阵列特征"对话框，如图 2-8-41 所示，要形成阵列的特征选择 $\phi8.5$ mm 孔，布局设置为圆形，旋转轴选择平面法向轴，数量设置为 3，节距角设置 75°，单击"确定"按钮。下底座阵列 $\phi8.5$ mm 孔如图 2-8-42 所示。

图 2-8-41　阵列 $\phi8.5$ mm 孔参数设置　　　　图 2-8-42　下底座阵列 $\phi8.5$ mm 孔

20. 下底座右侧镜像 3 个 $\phi 8.5$ mm 孔。选择"插入"→"关联复制"→"镜像特征"命令，弹出"镜像特征"对话框，如图 2-8-43 所示，要镜像的特征选择第 18、第 19 步创建的孔，镜像平面选择 Y-Z 平面，单击"确定"按钮。下底座右侧镜像 3 个 $\phi 8.5$ mm 孔如图 2-8-44 所示。

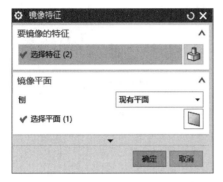

图 2-8-43　镜像特征参数设置　　　图 2-8-44　下底座右侧镜像 3 个 $\phi 8.5$ mm 孔

21. 创建孔退刀槽。选择"插入"→"设计特征"→"拉伸"命令，弹出"拉伸"对话框，如图 2-8-45 所示，截面选择内孔圆弧，限制距离设置为 2.5 mm，布尔设置为求差，单侧偏置设置为 1.5 mm，单击"确定"按钮。

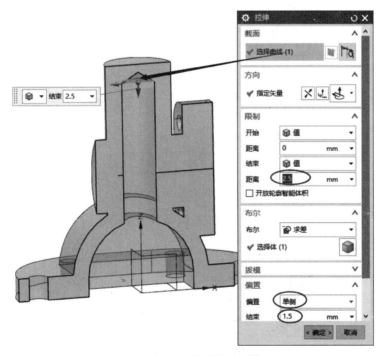

图 2-8-45　创建孔退刀槽

22. 阀体倒圆角。选择"插入"→"细节特征"→"边倒圆"命令，弹出"边倒圆"对话框，如图 2-8-46 所示，要倒圆的边选择阀体外轮廓，边倒圆半径设置为 2 mm，单击"确定"按钮。阀体倒圆角后最终实体如图 2-8-47 所示。

视频：阀体

图 2-8-46　阀体倒圆角参数设置　　　　图 2-8-47　阀体倒圆角后最终实体

【上机练习】

1. 根据图 2-8-48 所示图纸，建立该零件的模型。

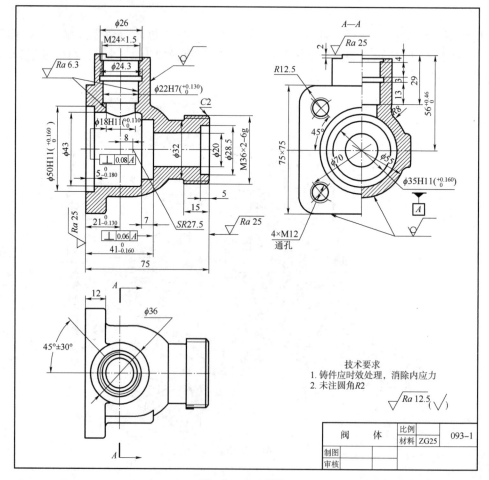

图 2-8-48　阀体

2. 根据图 2-8-49 所示图纸，建立该零件的模型。

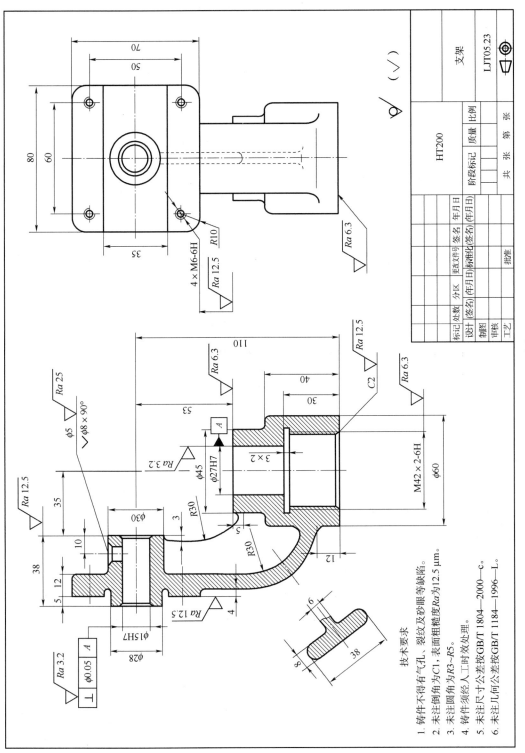

技术要求

1. 铸件不得有气孔、裂纹及砂眼等缺陷。
2. 未注倒角为C1, 表面粗糙度Ra为12.5 μm。
3. 未注圆角为R3~R5。
4. 铸件须经人工时效处理。
5. 未注尺寸公差按GB/T 1804—2000—c。
6. 未注几向公差按GB/T 1184—1996—L。

图 2-8-49 支架

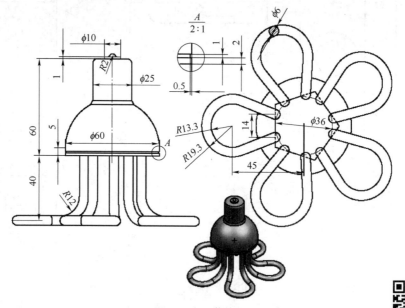

任务九 节能灯的建模

【任务导入】

根据图 2-9-1 所示图纸，建立该零件的模型。该模型是成图大赛竞赛样题。

图 2-9-1 节能灯

视频：节能灯

【任务分析】

该节能灯零件从结构上分析主要由两部分组成，分别是灯管部分和灯头部分。建模时一般先建模灯管部分，这部分用到了组合投影方法，该部分是该模型难点。

【任务实施】

1. 新建节能灯文件。选择"文件"→"新建"命令，弹出"新建"对话框。在"模型"选项卡的"模板"选项区域中选择"模板"命令，在"名称"文本框中输入"节能灯"，在"文件夹"文本框中输入文件保存位置。单击"确定"按钮，进入建模环境。

2. 创建 X-Y 平面草图。选择"插入"→"草图"命令，选择 X-Y 平面，绘制灯管俯视图草图，如图 2-9-2 所示。

3. 创建 X-Z 平面草图。选择"插入"→"草图"命令，选择 X-Z 平面，绘制灯管主视图草图，如图 2-9-3 所示。

4. 创建组合投影曲线。选择"插入"→"派生曲线"→"组合投影"命令，弹出"组合投影"对话框，如图 2-9-4 所示，对应选择曲线 1、曲线 2，投影方向设置为垂直于曲线平面，完成组合投影。

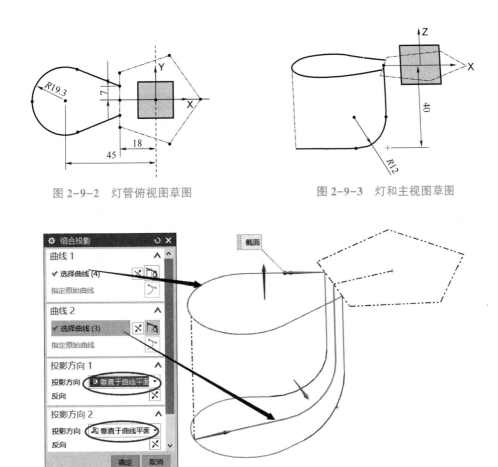

图 2-9-2　灯管俯视图草图

图 2-9-3　灯和主视图草图

图 2-9-4　创建组合投影曲线

5. 创建管道。选择"插入"→"扫掠"→"管道"命令,弹出"管道"对话框,如图 2-9-5 所示,路径选择第 4 步创建的曲线,外径设置为 6 mm,内径设置为 0 mm,创建一支灯管。

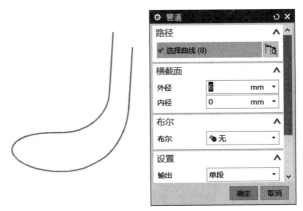

图 2-9-5　创建管道

6. 阵列管道。选择"插入"→"关联复制"→"阵列几何特征"命令，弹出"阵列几何特征"对话框，如图 2-9-6 所示，要形成阵列的几何特征选择第 5 步创建的管道，布局设置为圆形，旋转轴选择 Z 轴，数量设置为 5，跨角设置为 360°。

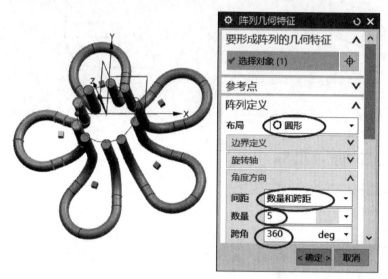

图 2-9-6　阵列管道

7. 创建 $\phi60$ mm×35 mm 凸台。选择"插入"→"设计特征"→"凸台"命令，弹出"凸台"对话框，凸台放置灯管上表面，直径设置为 60 mm，高度设置为 35 mm（见图 2-9-7），定位设置为点落在点上，设置五边形中心点与凸台中心点重合。

图 2-9-7　创建凸台

8. 倒 $R30$mm 圆角。选择"插入"→"细节特征"→"边倒圆"命令，设置凸台上边缘线，倒圆角设置为 $R30$ mm。

9. 拉伸 $\phi25$ mm 圆柱体。选择"插入"→"设计特征"→"拉伸"命令，弹出"拉伸"对话框，如图 2-9-8 所示，截面选择凸台下边缘线，向上拉伸，开始距离设置为 0 mm，结束距离设置为 60 mm，偏置设置为单侧，结束设置为-17.5 mm，布尔设置为与 $\phi60$ mm×35 mm 凸台求和。

10. 创建 $\phi10$ mm×1 mm 凸台。选择"插入"→"设计特征"→"凸台"命令，放置在 $\phi25$ mm 圆柱体上表面，直径设置为 10 mm，高度设置为 1 mm，定位设置为点落在点上，设置 $\phi25$ mm 圆柱体中心点与凸台中心点重合。

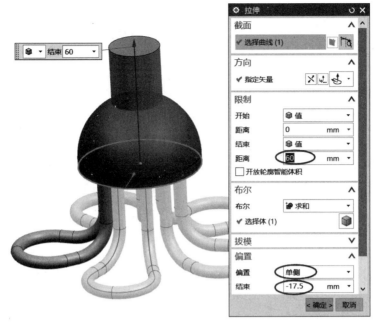

图 2-9-8　拉伸 $\phi25$ mm 圆柱体

11. 创建 $\phi4$ mm 球体。选择"插入"→"设计特征"→"球"命令，直径设置为 4 mm，放置在 $\phi10$ mm×1 mm 凸台上表面圆心处。

12. 创建 $\phi59$ mm×1 mm 槽。选择"插入"→"设计特征"→"槽"命令，类型设置为矩形，放置面选择 $\phi60$ mm 外圆柱面，如图 2-9-9 所示，槽直径设置为 59 mm，宽度设置为 1 mm，定位设置为 $\phi60$ mm 外圆柱面下边缘线与槽下边缘线距离为 2 mm。

13. 布尔求和。选择"插入"→"组合"→"合并"命令，目标对象选择 $\phi60$ mm× 35 mm 凸台，工具选择其余所有实体，将所有实体合并成一个整体。设置边倒圆和倒斜角，完成细节特征。完成节能灯模型如图 2-9-10 所示。

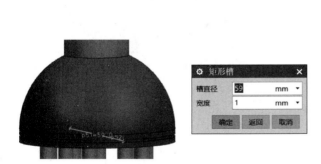

图 2-9-9　创建 $\phi59$ mm×1 mm 槽

图 2-9-10　节能灯模型

1. 根据图 2-9-11 所示图纸，建立模型。

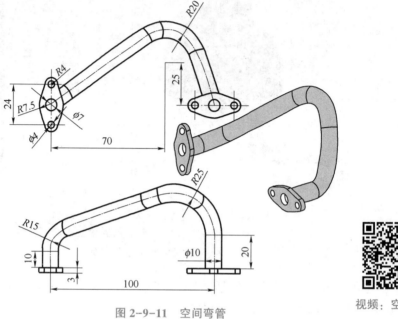

图 2-9-11　空间弯管

视频：空间弯管

2. 根据图 2-9-12 所示图形，建立模型，并求出黑色面的面积及五菱罩总高度。参考答案如图 2-9-13 所示。

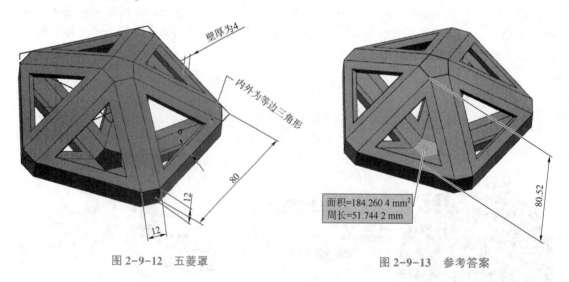

面积 =184.260 4 mm²
周长 =51.744 2 mm

图 2-9-12　五菱罩

图 2-9-13　参考答案

3. 根据图 2-9-14 所示图纸，建立该零件的模型。

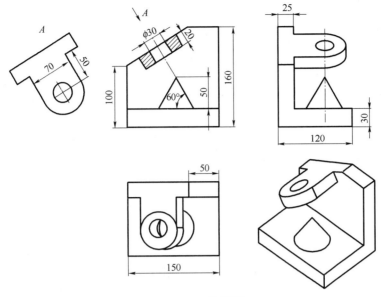

图 2-9-14　构型题

4. 根据图 2-9-15 所示图纸，建立该零件的模型。

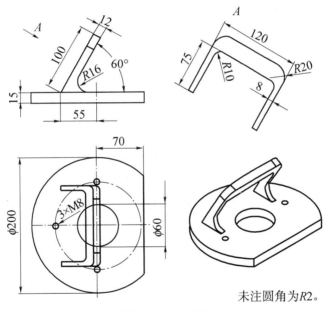

未注圆角为R2。

图 2-9-15　拉手

任务名称：			姓名：	组号：		总分：	
评分项		评价指标	分值	学生自评	小组互评	教师评分	
素养目标	遵章守纪	能够自觉遵守课堂纪律、爱护实训室环境	10				
	学习态度	能够分析并尝试解决出现的问题，体现精准细致、精益求精的工匠精神	10				
	团队协作	能够进行沟通合作，积极参与团队协作，具有团队意识	10				
知识目标	识图能力	能够正确分析零件图纸，设计合理的建模步骤	10				
	命令使用	能够合理选择、使用相关命令	10				
	建模步骤	能够明确建模步骤，具备清晰的建模思路	10				
	完成精度	能够准确表达模型尺寸，显示完整细节	10				
能力目标	创新意识	能够对设计方案进行修改优化，体现创新意识	10				
	自学能力	具备自主学习能力，课前有准备，课中能思考，课后会总结	10				
	严谨规范	能够严格遵守任务书要求，完成相应的任务	10				
备注：按照评价指标分为4档，优秀10分，良好8分，一般7分，合格6分							

模块三　曲面建模

　　UG 曲面建模技术是体现 CAD 和 CAM 建模能力的重要标志，实体建模能够完成设计的产品有限，大多数产品的设计都离不开曲面建模。本模块主要介绍 UG NX 10.0 曲面建模的方法，通过大量实例，培养 UG NX 10.0 曲面建模能力。

素养目标

　　1. 培养工匠精神，强调精益求精、追求极致的工匠精神。

　　2. 通过学习易辨识矿泉水瓶设计，灌输绿色环保理念，培养创新研究意识。

　　3. 理解"承前启后，继往开来"的使命，培养担当意识和责任感。

知识目标

　　1. 了解曲面建模常用命令及其用法。

　　2. 掌握"通过曲线组""通过曲线网格""扫掠""剖面曲面"等常用曲面建模命令及参数用法。

　　3. 掌握曲面编辑命令用法，能够对曲面模型进行有效编辑。

能力目标

　　1. 掌握曲面建模的思路和一般步骤。

　　2. 能够看懂图纸，分析模型建模思路和最佳曲面命令。

　　3. 掌握特征分解，形成合理的曲面建模步骤。

【任务导入】

根据图 3-1-1 所示图纸，建立该零件的模型。

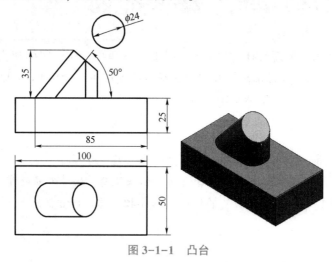

图 3-1-1　凸台

视频：凸台

【任务分析】

该凸台零件从结构上分析由两部分组成，分别是底座部分和凸台部分。建模时一般先建模底座部分，然后建模凸台部分，凸台部分可用曲线组建模。

【任务实施】

1. 新建凸台文件。选择"文件"→"新建"命令，弹出"新建"对话框。在"模型"选项卡的"模板"选项区域中选择"模型"命令，在"名称"文本框中输入"凸台"，在"文件夹"文本框中输入文件保存位置。单击"确定"按钮，进入建模环境。

2. 创建凸台基座部分。选择"插入"→"设计特征"→"长方体"命令，弹出"块"对话框，如图 3-1-2 所示，类型设置为原点和边长，设置长度为 100 mm，宽度为 50 mm，高度为 25 mm，原点为 (0, -25, 0)，创建凸台基座部分。

3. 创建 X-Z 平面草图。选择"插入"→"草图"命令，在 X-Z 平面上绘制草图，如图 3-1-3 所示。

4. 创建 R12 mm 圆截面草图。选择"插入"→"草图"命令，弹出"创建草图"对话框，如图 3-1-4 所示，草图类型设置为基于路径，路径选择第 3 步所绘制的直线上端，弧长百分比设置为 0，在垂直路径平面上绘制图 3-1-5 所示草图，注意在当前视角截面圆分成左右两半圆。

5. 投影右半圆。选择"插入"→"派生曲线"→"投影"命令，弹出"投影曲线"对话框，如图 3-1-6 所示，要投影的曲线选择第 4 步绘制草图的右半圆，指定平面选择长方体上表面，投影方向设置为沿面的法向。

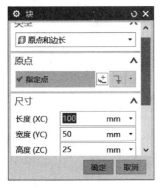

图 3-1-2　凸台基座参数设置

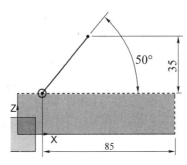

图 3-1-3　创建 X-Z 平面草图

图 3-1-4　R12 mm 圆截面草图参数设置

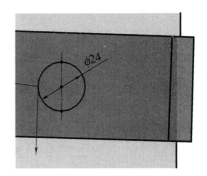

图 3-1-5　创建 R12 mm 圆截面草图

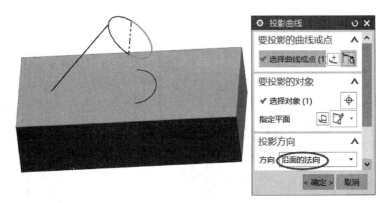

图 3-1-6　投影右半圆

6. 投影左半圆。选择"插入"→"派生曲线"→"投影"命令，弹出"投影曲线"对话框，如图 3-1-7 所示，要投影的曲线选择第 4 步绘制草图的左半圆，指定平面选择长方体上表面，投影方向设置为沿矢量，指定矢量选择第 3 步绘制的直线，方向设置为向下。

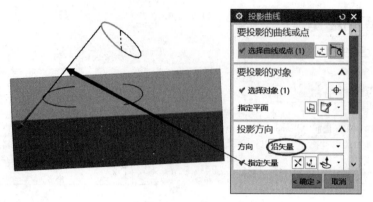

图 3-1-7　投影左半圆

7. 绘制两直线。选择"插入"→"曲线"→"直线"命令，在左右两投影半圆端，绘制两直线，如图 3-1-8 所示。

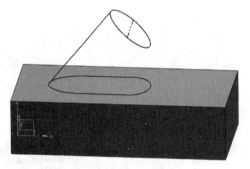

图 3-1-8　绘制两直线

8. 创建凸台。选择"插入"→"网格曲面"→"通过曲线组"命令，弹出"通过曲线组"对话框，如图 3-1-9 所示，截面 1 选择第 5、第 6、第 7 步绘制的线，截面 2 选择第 4 步绘制的圆，注意两截面起点对应，方向一致，对齐方式设置为根据点，在截面 1 的端点和圆弧中点处增加两截面的对应点。

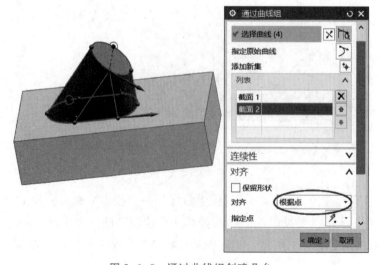

图 3-1-9　通过曲线组创建凸台

9. 布尔求和。选择"插入"→"组合"→"合并"命令，目标选择长方体，工具选择凸台，合并成一个实体。凸台模型最终结果如图 3-1-10 所示。

图 3-1-10 凸台模型最终结果

视频：出风口模型

【上机练习】

1. 根据如图 3-1-11 所示图纸，建立该零件的模型。

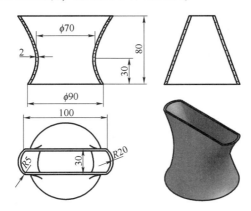

图 3-1-11 出风口模型

2. 如图 3-1-12 所示，辊轴主体有 6 个截面，相邻两截面的距离为 40 mm，角度逆时针选择 45°，辊轴主体用曲线组建模，勾选"通过曲线组"对话框中的"保留形状"复选框，计算该模型的体积为_____ mm³。

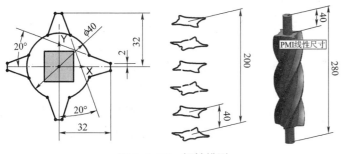

图 3-1-12 辊轴模型

视频：麻花滚轴

【任务导入】

根据如图 3-2-1 所示图纸，建立该零件的模型。

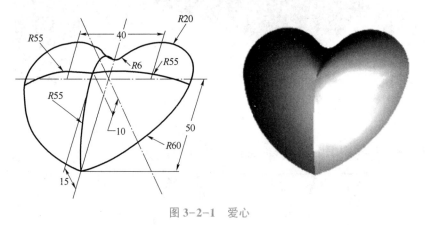

图 3-2-1　爱心

视频：爱心

【任务分析】

该爱心从建模分析截面线有顶点，一般由"通过曲线网格"命令完成，然而因建模思路的不同，可以有多种解。

【任务实施】

1. 新建爱心文件。选择"文件"→"新建"命令，弹出"新建"对话框。在"模型"选项卡的"模板"选项区域中选择"模型"命令，在"名称"文本框中输入"爱心"，在"文件夹"文本框中输入文件保存位置。单击"确定"按钮，进入建模环境。

2. 创建 X-Y 平面草图。选择"插入"→"草图"命令，在 X-Y 平面绘制图 3-2-2 所示草图，仅绘制 Y 轴右侧部分，左侧在草图状态下镜像得到。

3. 创建 Y-Z 平面草图。选择"插入"→"草图"命令，在 Y-Z 平面上绘制图 3-2-3 所示草图。

4. 绘制直线。选择"插入"→"曲线"→"直线"命令，选择 R60 mm、R55 mm 两圆弧端点绘制一直线。

5. 创建基准平面。选择"插入"→"基准/点"→"基准平面"命令，弹出"基准平面"对话框，如图 3-2-4 所示，要定义平面的对象选择第 4 步绘制的直线和 X-Y 平面，创建基准平面。

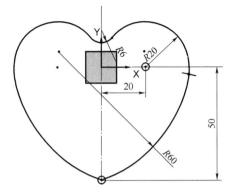

图 3-2-2 创建 X-Y 平面草图

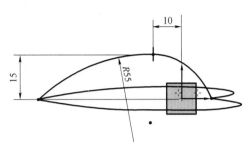

图 3-2-3 创建 Y-Z 平面草图

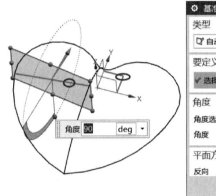

图 3-2-4 创建基准平面

6. 绘制 R55 mm 圆弧。选择"插入"→"草图"命令，在第 5 步创建的基准平面中，绘制 R55 mm 圆弧，如图 3-2-5 所示。

7. 镜像 R55 mm 圆弧。选择"插入"→"关联复制"→"镜像几何体"命令，选择第 6 步绘制的 R55 mm 圆弧，镜像得到右侧 R55 mm 圆弧。按 Ctrl+B 组合键，隐藏建模不需要的对象。爱心模型最终线架结果如图 3-2-6 所示。

8. 创建爱心模型 1。选择"插入"→"网格曲面"→"通过曲线网格"命令，弹出"通过曲线网络"对话框，如图 3-2-7 所示，主曲线 1 选择第 2 步创建的草图，主曲线 2 选择 R55 mm 圆弧端点，交叉曲线分别选择 5 条交叉线，其中交叉曲线 1 与交叉曲线 5 完全相同，创建爱心模型 1，结果如图 3-2-7 所示。

9. 创建爱心模型 2。选择"插入"→"网格曲面"→"通过曲线网格"命令，弹出"通过曲线网格"对话框，如图 3-2-8 所示，主曲线 1 选择端点，主曲线 2 选择两 R55 mm 圆弧，主曲线 3 选择两 R6 mm 圆弧，交叉曲线 1 选择第 2 步创建的草图右侧 R60 mm、R20 mm 两圆弧，交叉曲线 2 选择第 3 步创建的草图，交叉曲线 3 选择第 2 步创建的草图左侧 R60 mm、R20 mm 两圆弧，创建爱心模型 2，这是爱心模型的另一种解。爱心模型两种结果，如图 3-2-9 所示。

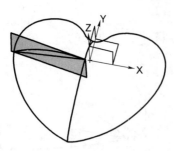

图 3-2-5　绘制 *R*55 mm 圆弧　　　　图 3-2-6　爱心模型最终线架

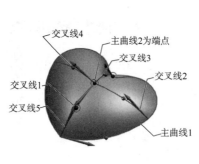

图 3-2-7　创建爱心模型 1

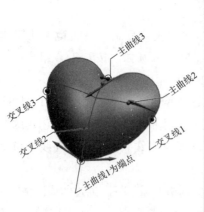

图 3-2-8　创建爱心模型 2

图 3-2-9 爱心模型两种结果

【上机练习】

1. 根据图 3-2-10 和图 3-2-11 所示图纸，建立模型。

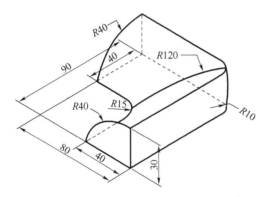

图 3-2-10 曲面

视频：曲面

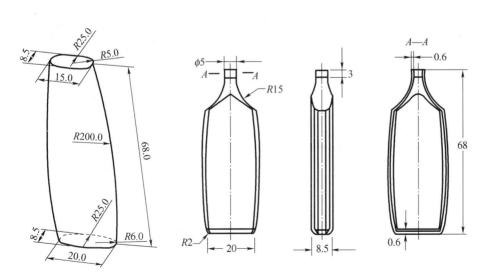

图 3-2-11 瓶子

视频：瓶子

【任务导入】

根据图 3-3-1，建立该零件的模型。

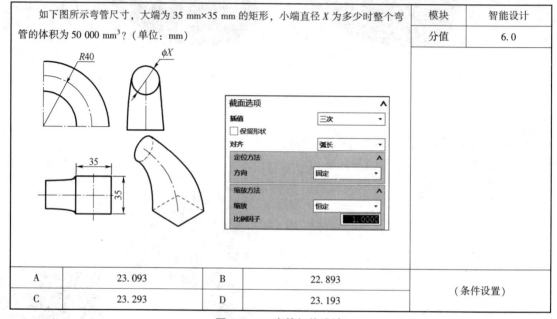

				模块	智能设计
如下图所示弯管尺寸，大端为 35 mm×35 mm 的矩形，小端直径 X 为多少时整个弯管的体积为 50 000 mm³？（单位：mm）				分值	6.0
A	23.093	B	22.893		（条件设置）
C	23.293	D	23.193		

图 3-3-1　弯管智能设计

【任务分析】

该任务是"机械数字化设计与制造 1+X"中级证考试样题，是关于智能设计模块的内容。该弯管零件从结构上分析两个截面沿一条导引线扫掠，"扫掠"命令选项较多，题目提供了对应选项，以免产生歧义。

视频：UG 智能
设计

【任务实施】

1. 新建弯管文件。选择"文件"→"新建"命令，弹出"新建"对话框。在"模型"选项卡的"模板"选项区域中选择"模型"命令，在"名称"文本框中输入"智能弯管"，在"文件夹"文本框中输入文件保存位置。单击"确定"按钮，进入建模环境。

2. 创建主线串草图。选择"插入"→"草图"命令，在 X-Z 平面绘制图 3-3-2 所示草图。

3. 创建截面草图。选择"插入"→"草图"命令，草图类型设置为基于路径，选择第 2 步绘制的曲线，位置设置为 0，即下端点，矩形截面右边线段从中点处断开，目的是与圆截面起点对应，用同样方法基于另一端点创建圆截面，圆直径设置为 25 mm，如图 3-3-3 所示。

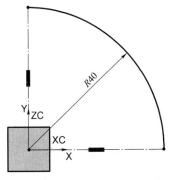

图 3-3-2　创建主线串草图

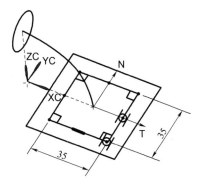

图 3-3-3　创建截面草图

4. 创建弯管。选择"插入"→"扫掠"→"扫掠"命令，弹出"扫掠"对话框，如图 3-3-4 所示，设置扫掠参数，注意两截面起点对应，方向一致，保证"截面选项"参数设置与样题一致。

图 3-3-4　创建弯管

5. 测量弯管体积。选择"分析"→"测量体"命令，弹出"测量体"对话框，如图 3-3-5 所示，对象选择第 4 步创建的弯管，注意勾选"关联"复选框，单击"确定"按钮退出对话框，测量特征会出现在部件导航器中，目前体积约为 52 659 mm^3。

6. 设置变量名。选择"工具"→"表达式"命令，弹出"表达式"对话框，如图 3-3-6 所示，列出的表达式设置为全部，将值为 25 的变量名改为 X，将单位为 mm^3 的变量名改为 V。

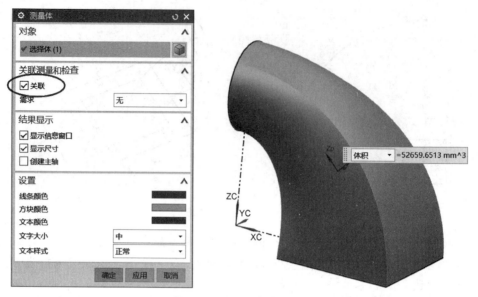

图 3-3-5　测量弯管体积

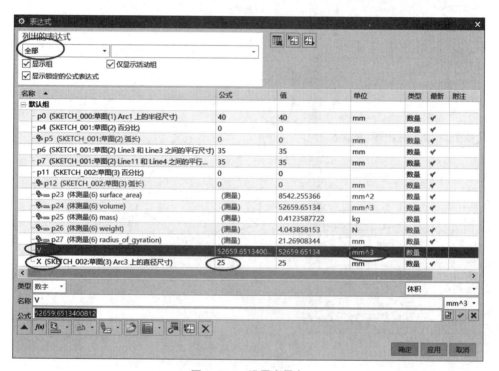

图 3-3-6　设置变量名

　　7. 优化设计。选择"分析"→"优化和灵敏度"→"优化"命令，弹出"优化"对话框，如图 3-3-7 所示，研究名称文本框输入 A，按 Enter 键后，指定目标才能选择变量，目标栏选择变量 V，设置目标值为 50 000 mm³，变量栏选择变量 X，下限设置为 22 mm，上限设置为 25 mm，在结果栏单击"运行优化"按钮，系统开始计算迭代，结果显示在结果栏中，靠后的是最优结果。如图 3-3-8 所示，经过优化设计，系统计算出 X = 23.093 mm 时

$V=50\ 001\ \text{mm}$，并将模型更新为优化结果。

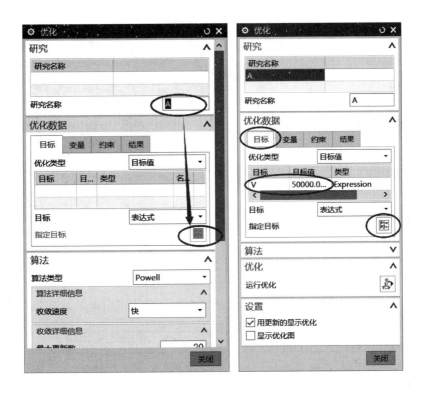

图 3-3-7　优化设计

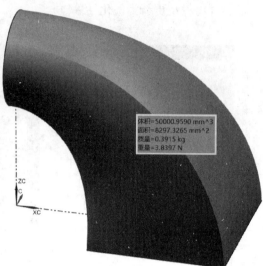

图 3-3-8　智能设计弯管结果

【上机练习】

根据图 3-3-9 所示图纸，建立该零件的模型，并完成智能设计任务。

视频：太极

如下图所示大圆直径为 φ150 mm，大圆直径为多少时整个实体体积为 500 000 mm³？（单位：mm）				模块	智能设计
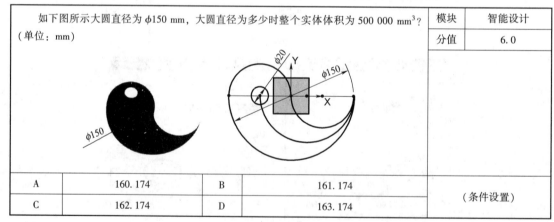				分值	6.0
A	160.174	B	161.174	（条件设置）	
C	162.174	D	163.174		

图 3-3-9　太极模型智能设计

弯管智能设计步骤见表 3-3-1。

表 3-3-1　弯管智能设计步骤

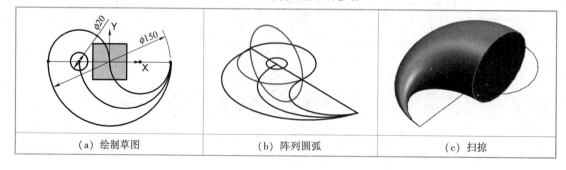

（a）绘制草图	（b）阵列圆弧	（c）扫掠

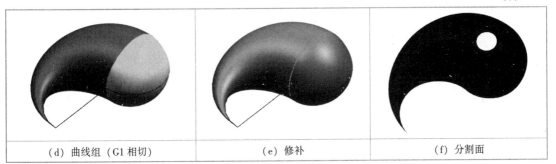

| （d）曲线组（G1相切） | （e）修补 | （f）分割面 |

任务四 手轮的建模

【任务导入】

根据图 3-4-1 所示图纸，建立该零件的模型。

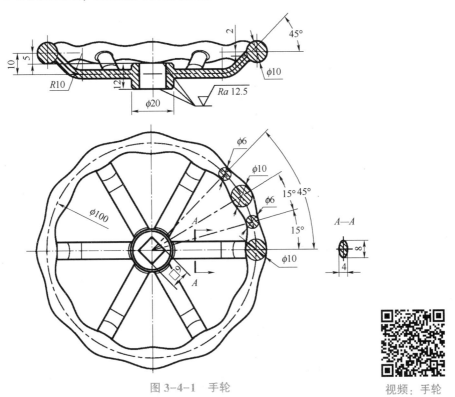

图 3-4-1 手轮

视频：手轮

【任务分析】

该图纸来自成图大赛样题，该手轮零件从结构上分析由三部分组成，分别是外圈、轮辐、内圈。外圈用扫掠或曲线组生成，轮辐用扫掠生成，内圈用拉伸或圆柱体生成。

【任务实施】

1. 新建手轮文件。选择"文件"→"新建"命令，弹出"新建"对话框。在"模型"选项卡的"模板"选项区域中选择"模型"命令，在"名称"文本框中输入"手轮"，在"文件夹"文本框中输入文件保存位置。单击"确定"按钮，进入建模环境。

2. 创建手轮外圈中心线草图。选择"插入"→"草图"命令，在 X-Y 平面绘制 $\phi100$ mm 的圆。

3. 创建手轮外圈圆截面草图。选择"插入"→"草图"命令，弹出"创建草图"对话框，如图 3-4-2 所示，草图类型设置为基于路径，路径选择第 2 步绘制的圆，在弧长百分比为 0 的位置绘制 $\phi10$ mm 的圆截面，用同样的方法，在基于路径弧长百分比为 150/36 处绘制 $\phi6$ mm 的圆截面。

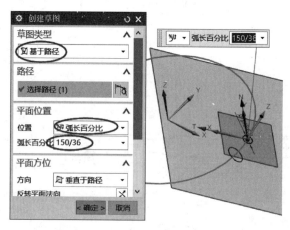

图 3-4-2　创建手轮外圈圆截面草图

4. 阵列 $\phi10$ mm 圆截面。选择"插入"→"关联复制"→"阵列几何特征"命令，弹出"阵列几何特征"对话框，如图 3-4-3 所示，要形成阵列的几何特征选择 $\phi10$ mm 的圆截面，布局设置为圆形，旋转轴选择 Z 轴，数量设置为 2，节距角设置为 30°。

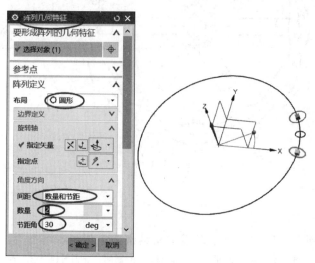

图 3-4-3　阵列 $\phi10$ mm 圆截面

5. 扫掠30°实体。选择"插入"→"扫掠"→"扫掠"命令，弹出"扫掠"对话框，如图3-4-4所示，截面分别依次选择ϕ10 mm、ϕ6 mm、ϕ10 mm的圆，引导线选择ϕ100 mm的圆，截面选项插值设置为三次。

图3-4-4　扫掠30°实体

6. 阵列扫掠实体。选择"插入"→"关联复制"→"阵列几何特征"命令，弹出"阵列几何特征"对话框，如图3-4-5所示，要形成阵列的几何特征选择第5步的扫掠实体，布局设置为圆形，旋转轴选择Z轴，数量设置为12，跨角设置为360°。

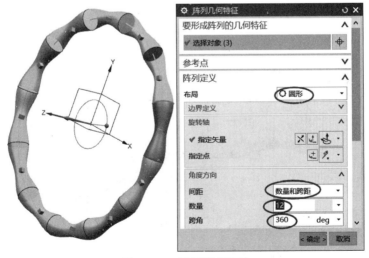

图3-4-5　阵列扫掠实体

7. 拉伸中心圆台。选择"插入"→"设计特征"→"拉伸"命令，弹出"拉伸"对话框，如图3-4-6所示，截面选择X-Y基准平面，向下拉伸，开始距离设置为5 mm，结束距离设置为17 mm，布尔设置为无。

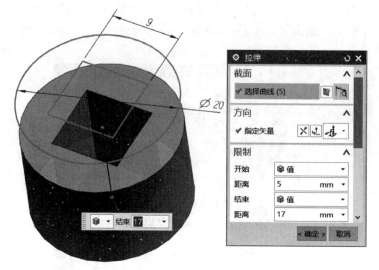

图 3-4-6　拉伸中心圆台

8. 创建手轮轮辐轨迹草图。选择"插入"→"草图"命令，在 X-Z 平面绘制草图，如图 3-4-7 所示。

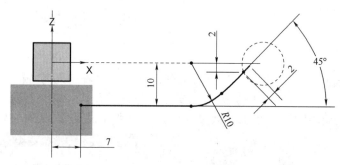

图 3-4-7　创建手轮轮辐轨迹草图

9. 创建手轮轮辐截面草图。选择"插入"→"草图"命令，草图类型设置为基于路径，选择第 8 步绘制的草图，在 50% 的位置绘制椭圆截面，如图 3-4-8 所示。

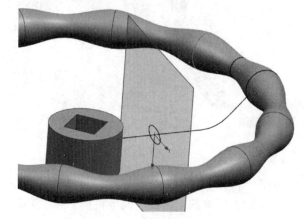

图 3-4-8　创建手轮轮辐截面草图

10. 扫掠轮辐。选择"插入"→"扫掠"→"扫掠"命令，弹出"扫掠"对话框，如图 3-4-9 所示，截面选择第 9 步绘制的草图，引导线选择第 8 步绘制的草图，截面位置设置为沿导引线任何位置。

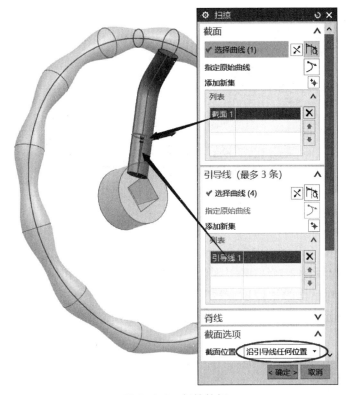

图 3-4-9　扫掠轮辐

11. 阵列轮辐实体。选择"插入"→"关联复制"→"阵列几何特征"命令，弹出"阵列几何特征"对话框，如图 3-4-10 所示，要形成阵列的几何特征选择第 10 步的扫掠轮辐，布局设置为圆形，旋转轴选择 Z 轴，数量设置为 6，跨角设置为 360°。

图 3-4-10　阵列轮辐实体

12. 布尔求和。选择"插入"→"组合"→"合并"命令，目标选择中心圆台，工具选择其余所有实体，将所有实体合并成一个整体。

13. 倒斜角、边倒圆。选择"插入"→"细节特征"→"倒斜角"命令，对中心凸台上下外圆设置倒角 $C1$ mm。选择"插入"→"细节特征"→"边倒圆"命令，设置边倒圆 $R1$ mm。最后手轮模型如图 3-4-11 所示。

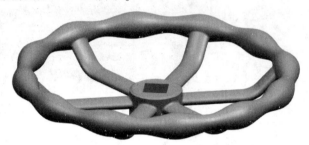

图 3-4-11　手轮模型

【上机练习】

1. 如图 3-4-12 所示，在 X-Z 平面绘制 200 mm 长直线，利用"扫掠"命令完成辊轴模型，在"扫掠"对话框的"定位方法"选项区域中，设置方向为角度规律、线性，起点设置为 $0°$，终点设置为 $225°$。

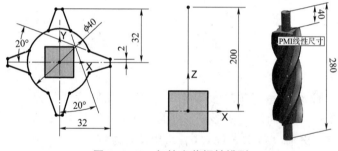

图 3-4-12　扫掠麻花辊轴模型

视频：扫掠麻花辊轴

2. 根据图 3-4-13 所示图纸，建立该零件的模型。

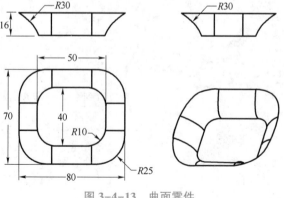

图 3-4-13　曲面零件

任务五 拨叉的建模

【任务导入】

根据如图 3-5-1 所示图纸，建立该零件的模型。

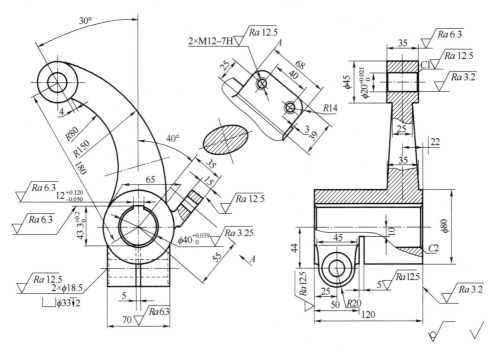

图 3-5-1　拨叉

【任务分析】

该拨叉零件从结构上分析拨叉颈部是该模型难点部分，该部分会用到"通过曲线网格"命令建模；拨叉的底部特征较多，建模时 39 mm×68 mm×15 mm 垫块的前后位置容易弄错。该模型是机械制图的一个经典例题。

视频：拨叉

【任务实施】

1. 新建拨叉文件。选择"文件"→"新建"命令，弹出"新建"对话框。在"模型"选项卡的"模板"选项区域中选择"模型"命令，在"名称"文本框中输入"拨叉"，在"文件夹"文本框中输入文件保存位置。单击"确定"按钮，进入建模环境。

2. 创建拨叉主体草图。选择"插入"→"草图"命令，在 X–Z 平面绘制图 3-5-2 所示草图，其中中心圆弧由三定点绘制而成。

3. 拉伸两圆柱体。选择"插入"→"设计特征"→"拉伸"命令，选择第 2 步绘制的 $\phi45$ mm 圆，设置对称拉伸 17.5 mm。选择 $\phi80$ mm 圆，设置拉伸方向设置为 $-Y$ 轴，开始距离设置为 -98 mm，结束距离设置为 22 mm，拉伸两圆柱体，如图 3-5-3 所示。

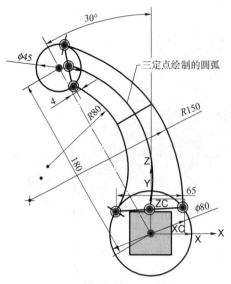

图 3-5-2 创建拨叉主体草图

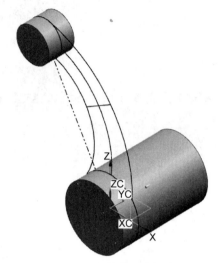

图 3-5-3 拉伸两圆柱体

4. 创建侧立面草图。选择"插入"→"草图"命令，在 *Y-Z* 平面绘制草图，上下两端向外延伸，如图 3-5-4 所示。

5. 创建组合投影曲线。选择"插入"→"派生曲线"→"组合投影"命令，弹出"组合投影"对话框，如图 3-5-5 所示，对应选择曲线 1、曲线 2，用同样的方法组合投影出对称曲线。

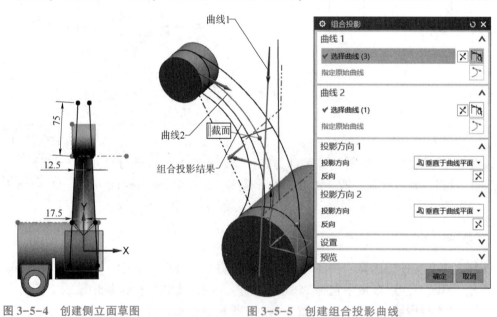

图 3-5-4 创建侧立面草图   图 3-5-5 创建组合投影曲线

6. 绘制两椭圆截面。双击工作坐标系（work coordinate system，WCS），使 *X* 轴与下方直线向右一致，选择"插入"→"曲线"→"椭圆"命令，参数设置如图 3-5-6 所示，创建大端椭圆。双击 WCS，使 *X* 轴与上方直线一致向上，用同样方法创建小端椭圆，参数如图 3-5-7 所示。

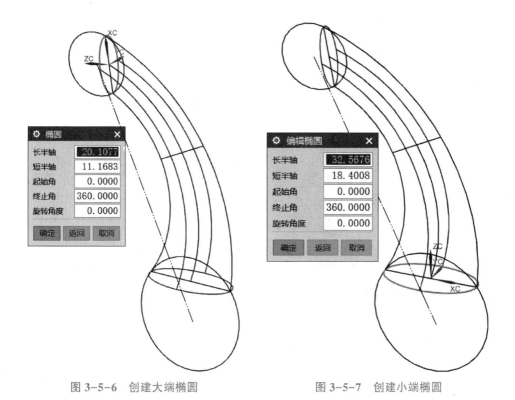

图 3-5-6 创建大端椭圆 　　　　　　　　　　图 3-5-7 创建小端椭圆

7. 创建拨叉连接部分。选择"插入"→"网格曲面"→"通过曲线网格"命令，弹出"通过曲线网格"对话框，如图 3-5-8 所示，设置主曲线和交叉曲线，注意交叉曲线 1 和交叉曲线 5 完全相同，创建拨叉连接部分。

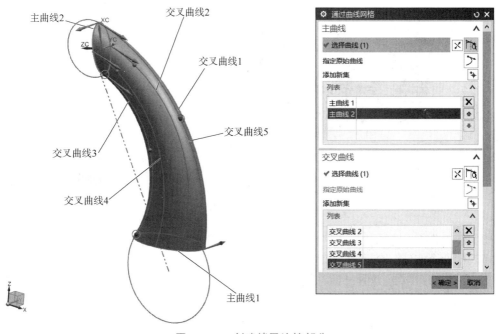

图 3-5-8　创建拨叉连接部分

8. 创建基准平面。选择"插入"→"基准/点"→"基准平面"命令，弹出"基准平面"对话框，如图 3-5-9 所示，要定义平面的对象选择 X-Y 平面与左侧圆弧下端点，创建经过端点且平行于 X-Y 平面的基准平面。

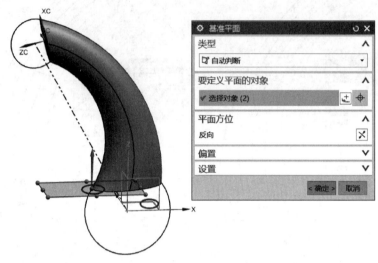

图 3-5-9　创建基准平面

9. 创建替换面。选择"插入"→"同步建模"→"替换面"命令，弹出"替换面"对话框，如图 3-5-10 所示，要替换的面选择第 7 步创建的拨叉连接部分下端面，替换面选择第 8 步创建的基准平面，使拨叉连接部分下端面向下延伸，这样操作有利于与 $\phi 80$ mm 圆柱连接处倒圆角。

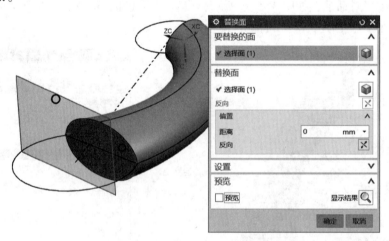

图 3-5-10　创建替换面

10. 布尔求和。选择"插入"→"组合"→"合并"命令，目标选择下端圆柱体，工具选择其他两个实体，合并成一个实体。

11. 创建基准平面。选择"插入"→"基准/点"→"基准平面"命令，弹出"基准平面"对话框，如图 3-5-11 所示，要定义平面的对象选择 Y-Z 平面，向左偏置距离设置为 35 mm。

12. 绘制草图。选择"插入"→"草图"命令，选择第 11 步创建的基准平面，绘制草图，如图 3-5-12 所示。

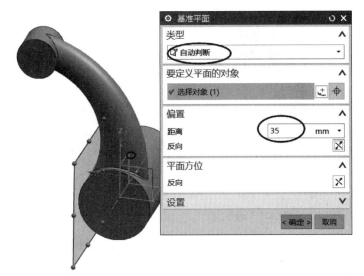

图 3-5-11　创建基准平面

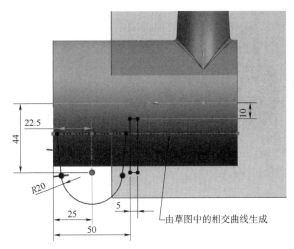

图 3-5-12　绘制草图

13. 拉伸凸台和切槽。选择"插入"→"设计特征"→"拉伸"命令，选择第 12 步绘制的左边轮廓，向后拉伸距离设置为 70 mm，布尔设置为求和。然后选择右边矩形轮廓，对称拉伸距离设置为 100 mm，布尔设置为求差。结果如图 3-5-13 所示。

14. 绘制草图。选择"插入"→"草图"命令，选择 φ80 mm 圆柱前端面为草图平面，绘制草图，如图 3-5-14 所示。

15. 拉伸 39 mm×68 mm×15 mm 垫块和切 70 mm×50 mm×5 mm 槽。选择"插入"→"设计特征"→"拉伸"命令，弹出"拉伸"对话框，如图 3-5-15 所示，选择第 14 步绘制的长为 39 mm 的直线，设置为向后拉伸，开始距离设置为 117-68 mm，结束距离设置为 117 mm，向上偏置设置为15 mm，布尔设置为求和。选择长为 70 mm 的直线，设置为向后拉伸，开始距离设置为 70 mm，结束距离设置为 120 mm，对称偏置设置为 2.5 mm，布尔设置为求差。

16. 创建沉头孔。选择"插入"→"设计特征"→"孔"命令，弹出"孔"对话框，参数设置如图 3-5-16 所示，位置选择 φ40 mm×70 mm 凸台左右两端面圆心，形状设置为沉头孔。

图 3-5-13　拉伸凸台和切槽

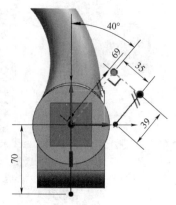

图 3-5-14　绘制草图

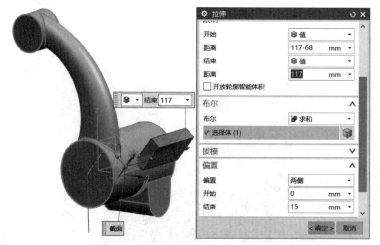

图 3-5-15　拉伸 39 mm×68 mm×15 mm 垫块

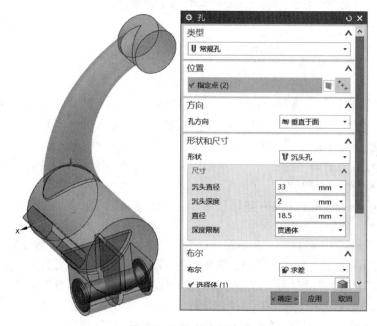

图 3-5-16　创建沉头孔

17. 创建 φ40 mm、φ20 mm 通孔。选择"插入"→"设计特征"→"孔"命令，选择 φ80 mm 圆柱端面圆心，形状设置为简单孔，孔直径设置为 40 mm，创建 φ40 mm 通孔；选择 φ45 mm 圆柱端面圆心，形状设置为简单孔，孔直径设置为 20 mm，创建 φ20 mm 通孔。

18. 创建 12 mm×23.3 mm×120 mm 腔体。选择"插入"→"设计特征"→"腔体"命令，选择 φ80 mm 圆柱前端面为放置面，X 轴为水平参照，如图 3-5-17 所示，长度设置为 12 mm，宽度设置为 23.3 mm，深度设置为 120 mm，定位设置为线落在线上，且 X 轴与腔体下边线对齐，Z 轴与腔体竖直对称线对齐。

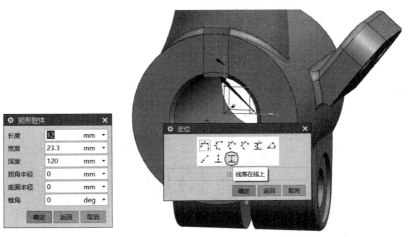

图 3-5-17　创建 12 mm×23.3 mm×120 mm 腔体

19. 倒 R14 mm 圆角。选择"插入"→"细节特征"→"边倒圆"命令，选择 39 mm×68 mm×15 mm 垫块边角线，圆角半径设置为 14 mm。

20. 创建 2×M12 螺纹通孔。选择"插入"→"设计特征"→"孔"命令，弹出"孔"对话框，如图 3-5-18 所示，位置选择两处 R14 mm 圆弧圆心，类型设置为螺纹孔，螺纹尺寸大小设置为 M12×1.75，螺纹深度设置为 15 mm，深度限制设置为贯通体，创建 2×M12 螺纹通孔。

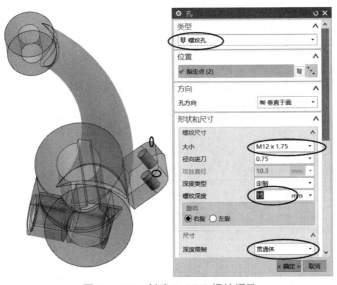

图 3-5-18　创建 2×M12 螺纹通孔

21. 完成细节特征。完成倒角 $C1$ mm、$C2$ mm，未注圆角为 $R3$ mm。拨叉模型最终结果如图 3-5-19 所示。

图 3-5-19　拨叉模型

【上机练习】

1. 根据如图 3-5-20 所示图纸，建立烟斗模型。

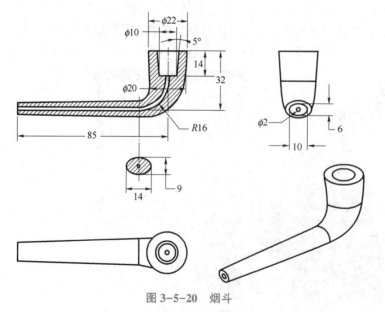

图 3-5-20　烟斗

视频：烟斗

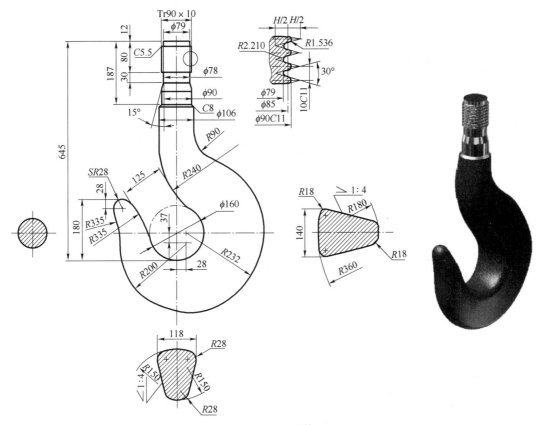

任务六 吊钩的建模

【任务导入】

根据图 3-6-1 所示图纸，建立该零件的模型。

图 3-6-1　吊钩

【任务分析】

该吊钩零件从结构上分析由两部分组成，分别是钩体部分和钩颈部分。建模时一般先建模钩体部分，最后建模钩颈部分。

视频：吊钩

【任务实施】

1. 新建吊钩文件。选择"文件"→"新建"命令，弹出"新建"对话框。在"模型"选项卡的"模板"选项区域中选择"模型"命令，在"名称"文本框中输入"吊钩"，在"文件夹"文本框中输入文件保存位置。单击"确定"按钮，进入建模环境。

2. 创建吊钩主体草图。选择"插入"→"草图"命令，在 X-Z 平面上绘制图 3-6-2 所示草图，草图中绘制了 5 条参考线，为绘制截面做准备。吊钩线架构想如图 3-6-3 所示。

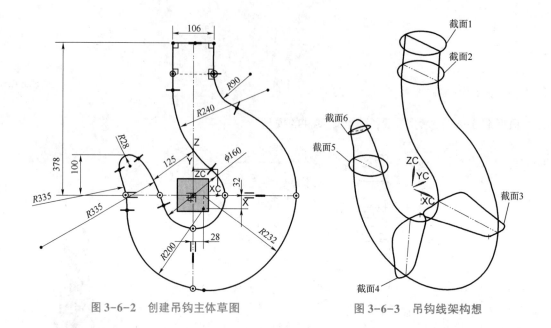

图 3-6-2　创建吊钩主体草图　　　　　图 3-6-3　吊钩线架构想

3. 创建吊钩截面 3 草图。选择"插入"→"草图"命令,在 X-Y 平面上绘制草图,如图 3-6-4 所示。

4. 创建吊钩截面 4 草图。选择"插入"→"草图"命令,在 Y-Z 平面上绘制草图,如图 3-6-5 所示。

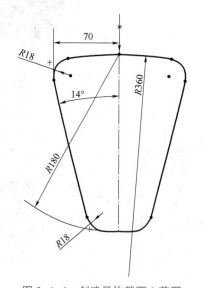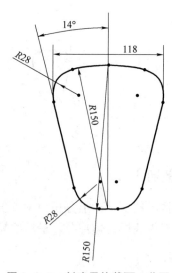

图 3-6-4　创建吊钩截面 3 草图　　　　　图 3-6-5　创建吊钩截面 4 草图

5. 创建吊钩截面 1、2、5。选择"插入"→"曲线"→"直线和圆弧"→"圆（圆心-点）"命令,绘制 3 个圆截面,如图 3-6-6 所示。

6. 创建吊钩截面 6。双击图形窗口 WCS,选择 X 轴箭头,再选择截面 6 构造线下端,确定 WCS 方位,使 X 轴与截面 6 构造线方向一致朝左下方,如图 3-6-7 所示。选择"插入"→"曲线"→"直线和圆弧"→"圆（圆心-点）"命令，选择直线中点为圆心，下方端点为起点，绘制截面6。

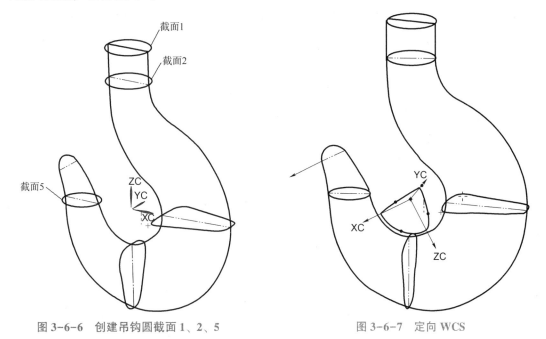

图 3-6-6　创建吊钩圆截面 1、2、5　　　　　　　　图 3-6-7　定向 WCS

7. 创建吊钩主体部分。选择"插入"→"网格曲面"→"通过曲线网格"命令，弹出"通过曲线网格"对话框，如图 3-6-8 所示，主曲线分别选择截面线 1~6，使其起点对应，方向一致，交叉曲线分别选择交叉线 1~3，注意交叉曲线 1 和交叉曲线 3 完全相同，为吊钩主体线串外侧，创建吊钩主体部分。

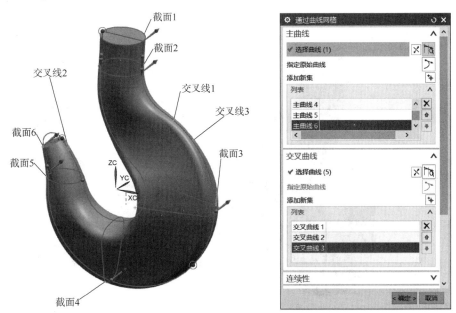

图 3-6-8　创建吊钩主体部分

8. 创建吊钩钩尖片体。选择"插入"→"网格曲面"→"通过曲线组"命令，弹出"通过曲线组"对话框，如图 3-6-9 所示，截面分别选择截面 1~3，使其方向一致，注意激活工具条"在相交处停止"按钮，连续性设置为第一截面和最后截面为 G1 相切连续，分别与吊钩主体曲面相切，创建吊钩钩尖片体。

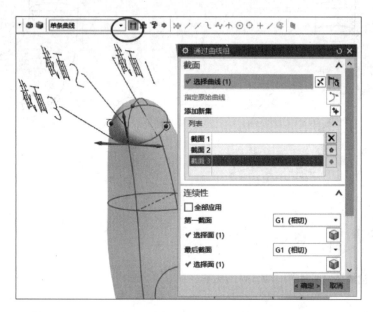

图 3-6-9　创建吊钩钩尖片体

9. 创建吊钩钩尖实体。选择"插入"→"组合"→"补片"命令，弹出"补片"对话框，如图 3-6-10 所示，目标选择吊钩主体部分，工具选择第 8 步创建的片体，方向向下，使钩尖片体与吊钩实体合为一体。

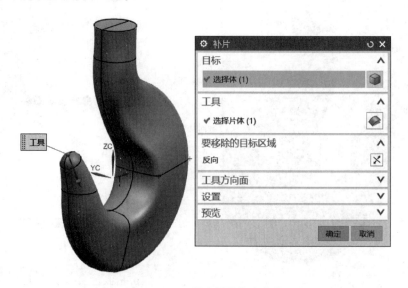

图 3-6-10　创建吊钩钩尖实体

10. 创建钩颈四个凸台。选择"插入"→"设计特征"→"凸台"命令，按顺序自下而上分别创建 $\phi90$ mm×65 mm、$\phi78$ mm×30 mm、$\phi90$ mm×80 mm、$\phi79$ mm×12 mm 四个凸台，定位设置为点落在点上，与钩体上端面同心，创建钩颈四个凸台，如图 3-6-11 所示。

11. 创建钩颈螺旋线。选择"插入"→"曲线"→"螺旋线"命令，弹出"螺旋线"对话框，如图 3-6-12 所示，创建螺旋线，设置位置为绝对坐标（0，0，463），直径为 85 mm，螺距为 10 mm，圈数为 10。

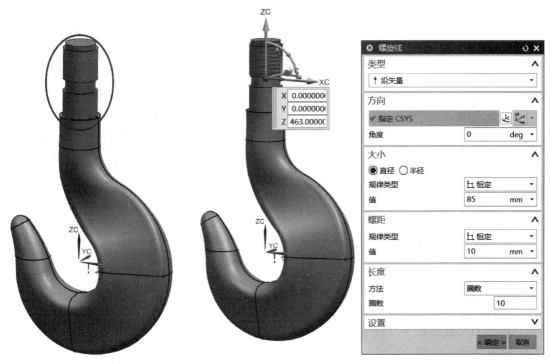

图 3-6-11　创建吊钩钩颈四个凸台　　　　　　　　图 3-6-12　创建螺旋线

12. 创建螺纹截面草图。选择"插入"→"草图"命令，弹出"创建草图"对话框，如图 3-6-13 所示，草图类型设置为基于路径，路径选择螺旋线，弧长百分比设置为 0，创建螺纹截面草图。

13. 创建吊钩颈部螺旋实体。选择"插入"→"扫掠"→"扫掠"命令，弹出"扫掠"对话框，如图 3-6-14 所示，截面选择第 12 步创建的草图，引导线选择第 11 步创建的螺旋线，在"定位方法"选项区域的"方向"下拉列表框中选择"矢量方向"命令，并指定为 ZC 轴方向。

14. 创建吊钩颈部倒角。选择"插入"→"细节特征"→"倒角"命令，分别倒斜角 C8 mm、C5.5 mm 和 6×75°。

15. 创建吊钩颈部螺纹。选择"插入"→"组合"→"减去"命令，目标选择吊钩主体，工具选择第 13 步的创建的吊钩颈部螺旋实体，创建吊钩颈部螺纹。选择"插入"→"细节特征"→"边倒圆"命令，选择螺纹外边缘线，设置半径为 1.536 mm。吊钩模型最终结果如图 3-6-15 所示。

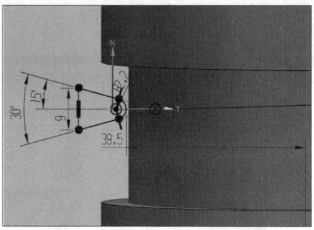

图 3-6-13　创建螺纹截面草图

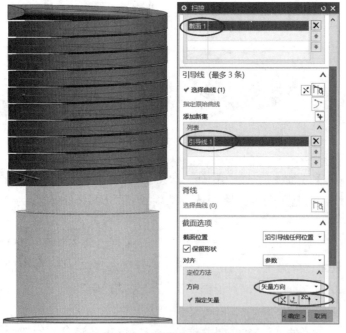

图 3-6-14　创建吊钩颈部螺旋实体

图 3-6-15　吊钩模型

【上机练习】

根据图 3-6-16 所示图纸，建立该零件的模型。

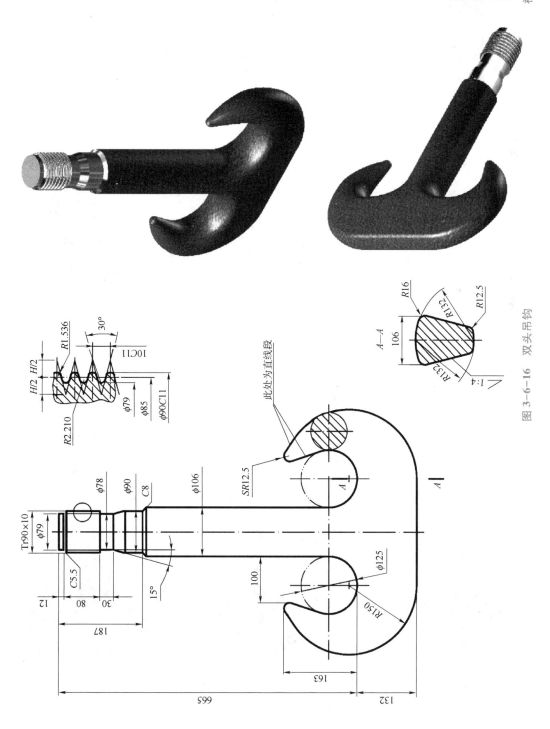

图 3-6-16　双头吊钩

双头吊钩设计步骤见表 3-6-1。

表 3-6-1 双头吊钩设计步骤

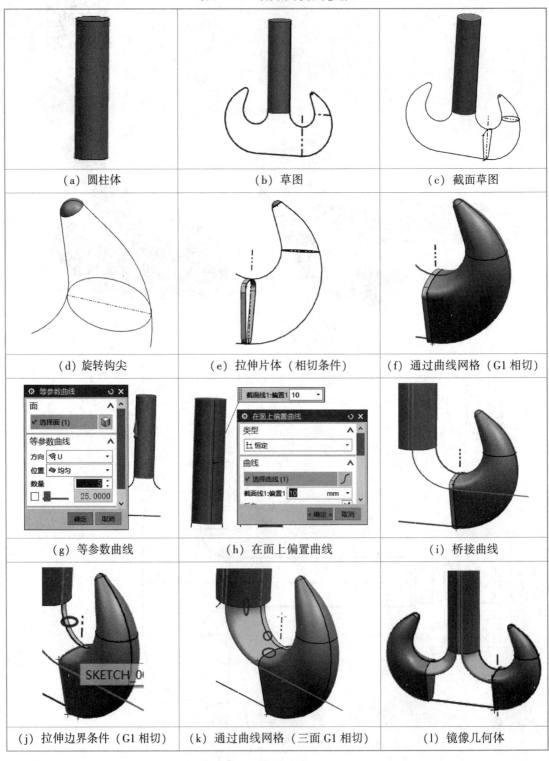

（a）圆柱体	（b）草图	（c）截面草图
（d）旋转钩尖	（e）拉伸片体（相切条件）	（f）通过曲线网格（G1 相切）
（g）等参数曲线	（h）在面上偏置曲线	（i）桥接曲线
（j）拉伸边界条件（G1 相切）	（k）通过曲线网格（三面 G1 相切）	（l）镜像几何体

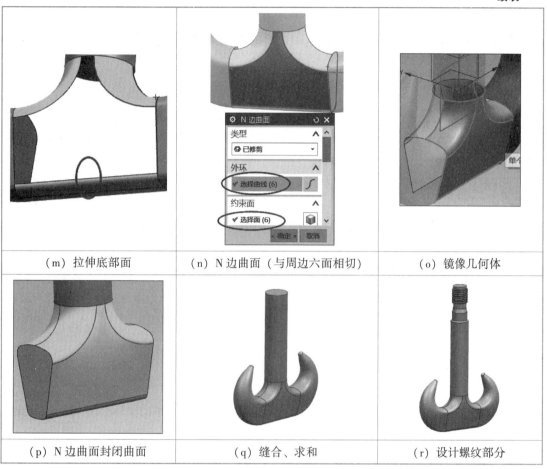

（m）拉伸底部面	（n）N 边曲面（与周边六面相切）	（o）镜像几何体
（p）N 边曲面封闭曲面	（q）缝合、求和	（r）设计螺纹部分

任务七 水龙头手柄的建模

【任务导入】

参照图 3-7-1 所示的水龙头手柄，建立该零件的模型。

图 3-7-1 水龙头手柄

视频：水龙头手柄

【任务分析】

从结构上分析，该水龙头手柄零件先用组合投影构建线架，构建多截面，再使用"通过曲线网格"命令构建其模型。

【任务实施】

1. 新建水龙头手柄文件。选择"文件"→"新建"命令，弹出"新建"对话框。在"模型"选项卡的"模板"选项区域中选择"模型"命令，在"名称"文本框中输入"水龙头手柄"，在"文件夹"文本框中输入文件保存位置。单击"确定"按钮，进入建模环境。

2. 创建 X-Y 平面草图 1。选择"插入"→"草图"命令，在 X-Y 平面绘制图 3-7-2 所示草图。

3. 创建 X-Z 平面草图 2。选择"插入"→"草图"命令，在 X-Z 平面绘制图 3-7-3 所示草图。

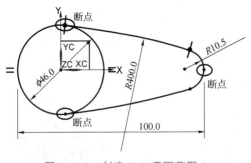

图 3-7-2　创建 X-Y 平面草图 1

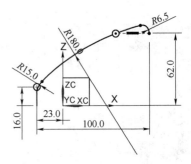

图 3-7-3　创建 X-Z 平面草图 2

4. 创建 X-Z 平面草图 3。选择"插入"→"草图"命令，在 X-Z 平面绘制图 3-7-4 所示草图。

5. 创建 X-Z 平面草图 4。选择"插入"→"草图"命令，在 X-Z 平面上绘制草图 4。草图 4 标记点与草图 1 左断点对齐，R180 mm 圆弧在 60°处断开，将在此处插入截面，在 R50 mm 圆弧端点、R180 mm 圆弧断点处绘制两条构造线，如图 3-7-5 所示。

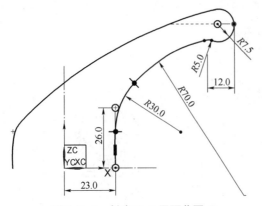

图 3-7-4　创建 X-Z 平面草图 3

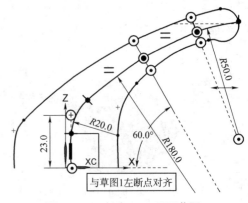

图 3-7-5　创建 X-Z 平面草图 4

6. 创建组合投影曲线。选择"插入"→"派生曲线"→"组合投影"命令，弹出"组合投影"对话框，如图3-7-6所示，对应选择曲线1、曲线2，组合投影出对称曲线。

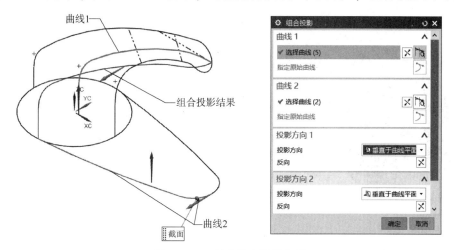

图 3-7-6　创建组合投影曲线

7. 绘制两直线。选择"插入"→"曲线"→"直线"命令，在第5步绘制的构造线处绘制两直线，如图3-7-7所示。

8. 绘制两截面草图。选择"插入"→"草图"命令，草图类型设置为基于路径，路径选择第5步创建的草图，在 R50 mm 圆弧端点、R180 mm 60°断点处插入两草图，每个草图由上下两半椭圆构成，如图3-7-8所示。

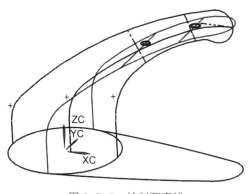

图 3-7-7　绘制两直线

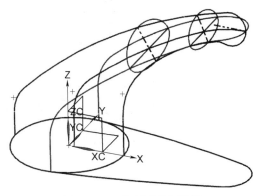

图 3-7-8　绘制两截面草图

9. 创建水龙头手柄主体部分。选择"插入"→"网格曲面"→"通过曲线网格"命令，弹出"通过曲线网格"对话框，如图3-7-9所示，主曲线为4组，使其起点对应，方向一致，其中主曲线1为φ46 mm圆，主曲线4为顶点，交叉曲线为5组，其中交叉曲线1和交叉曲线5完全相同，创建水龙头手柄主体部分。

10. 创建水龙头手柄内部实体。选择"插入"→"设计特征"→"拉伸"命令，弹出"拉伸"对话框，如图3-7-10所示，选择φ46 mm圆，设置开始距离为0 mm，结束为直至下一个，偏置为单侧，结束为-2 mm，布尔为无。

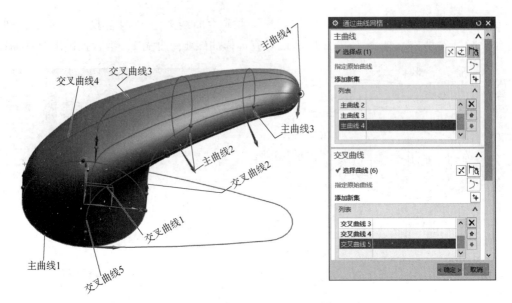

图 3-7-9　创建水龙头手柄主体部分

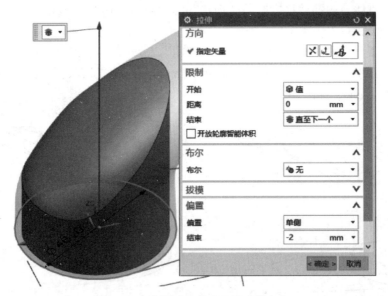

图 3-7-10　创建水龙头手柄内部实体

11. 向下复制上表面。选择"插入"→"关联复制"→"阵列几何特征"命令，弹出"阵列几何特征"对话框，如图 3-7-11 所示，选择第 10 步创建的实体上表面，布局设置为线性，方向设置为向下，数量设置为 2，节距设置为 3 mm。

12. 修剪实体。选择"插入"→"修剪"→"修剪体"命令，弹出"修剪体"对话框，如图 3-7-12 所示，目标选择第 10 步创建的实体，工具选择第 11 步创建的片体，方向设置为向上。

13. 创建水龙头手柄空腔。选择"插入"→"组合"→"减去"命令，目标选择水龙头手柄主体，工具选择第 12 步生成的实体，创建水龙头手柄空腔，如图 3-7-13 所示。

图 3-7-11　向下复制上表面

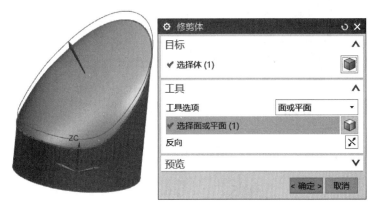

图 3-7-12　修剪实体

图 3-7-13　创建水龙头手柄空腔

14. 创建内部矩形实体。选择"插入"→"设计特征"→"拉伸"命令，弹出"拉伸"对话框，如图 3-7-14 所示，截面选择 X-Y 基准平面，绘制 16 mm×16 mm 矩形，开始距离设置为 2，结束设置为直至下一个，偏置设置为两侧，开始设置为 0 mm，结束设置为-2 mm，布尔设置为求和，创建出内部矩形实体。

15. 修剪实体。选择"插入"→"修剪"→"修剪体"命令，弹出"修剪体"对话框，如图 3-7-15 所示，目标选择水龙头手柄主体，工具选项设置为新平面，选择 X-Y 平面和 Y 轴，角度设置为-15°，保留水龙头手柄主体部分。

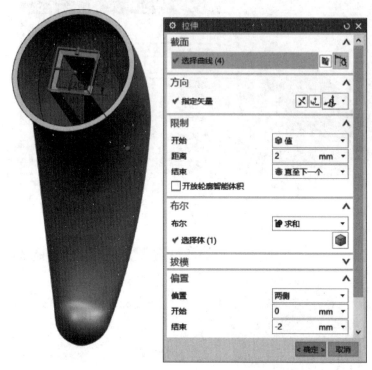

图 3-7-14　创建内部矩形实体

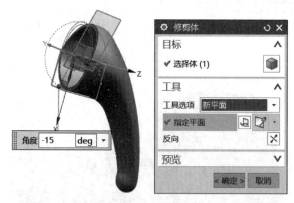

图 3-7-15　修剪实体

16. 边倒圆。选择"插入"→"细节特征"→"边倒圆"命令，设置倒圆角。水龙头手柄模型最终结果如图 3-7-16 所示。构建水龙头手柄主线截面有截面，点截面处不光滑，为解决这问题，在点截面处再做处理，做到精益求精。

17. 创建方块。选择"工具"→"特定于工艺"→"注塑模向导"→"注塑模工具"→"创建方块"命令，弹出"创建方块"对话框，如图 3-7-17 所示，类型设置为有界长方体，对象选择顶点，间隙设置为 3 mm，创建以顶点为中心且边长为 6 mm 的正方体。

18. 布尔求差。选择"插入"→"组合"→"减去"命令，弹出"求差"对话框，如图 3-7-18 所示，目标选择水龙头手柄，工具选择第 17 步创建的正方体，单击"确定"按钮，完成布尔求差。

图 3-7-16　水龙头手柄模型

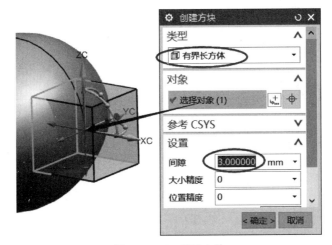

图 3-7-17　创建方块

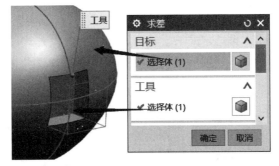

图 3-7-18　布尔求差

19. 创建顶点处曲线网格面。选择"插入"→"网格曲面"→"通过曲线网格"命令，弹出"通过曲线网格"对话框，如图 3-7-19 所示，分别选择主曲线、交叉曲线，创建网格曲面，选择曲线时注意激活工具条"在相交处停止"按钮，连续性设置为 4 个 G1 相切连续，与水龙头手柄相切，创建顶点处曲线网格面。创建曲面报错时可以适当调大公差。

20. 补片。选择"插入"→"组合"→"补片"命令，弹出"补片"对话框，如图 3-7-20 所示，目标选择水龙头手柄，工具选择第 19 步创建的曲线网格面，方向指向水龙头手柄主体。

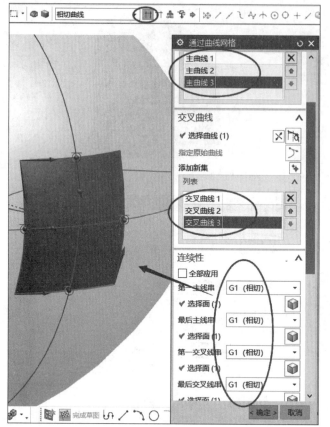

图 3-7-19　创建顶点处曲线网格面

图 3-7-20　补片

21. 曲面分析比较。选择"分析"→"形状"→"反射"命令，弹出"面分析-反射"对话框，如图 3-7-21 所示，框选水龙头手柄，设置为黑白线方式显示，顶点处补片前后曲面分析比较如图 3-7-22 所示。补片后水龙头手柄表面更光滑，水龙头手柄模型最终结果如图 3-7-23 所示。

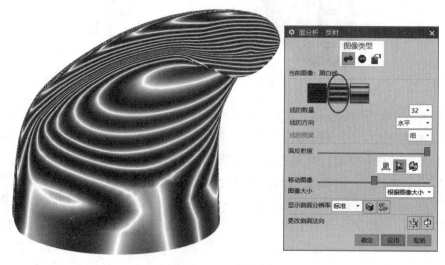

图 3-7-21　曲面分析

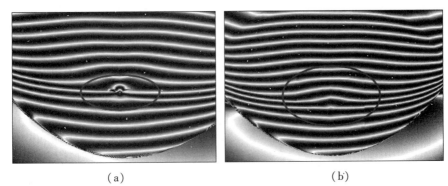

（a）   （b）

图 3-7-22　顶点处补片前后曲面分析比较

（a）顶点处补片前曲面反射效果；（b）顶点处补片后曲面反射效果

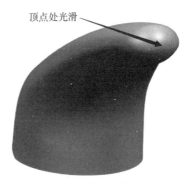

顶点处光滑

图 3-7-23　水龙头手柄模型

任务八　足球的建模

【任务导入】

根据图 3-8-1 所示足球，建立该足球的模型。

图 3-8-1　足球

视频：足球

【任务分析】

从结构上分析，足球由五边形、六边形按照一定的位置关系组合而成。

【任务实施】

1. 新建足球文件。执行"文件"→"新建"命令，弹出"新建"对话框。在"模型"选项卡的"模板"选项区域中选择"模型"命令，在"名称"文本框中输入"足球"，在"文件夹"文本框中输入文件保存位置。单击"确定"按钮，进入建模环境。

2. 创建正五边形草图。选择"插入"→"草图"命令，在 X-Y 平面绘制边长为 50 mm 的正五边形，底边为水平线，再绘制两直线，使其与五边形边等长，且与五边形相邻两条边的夹角为120°，如图 3-8-2 所示。

3. 旋转出圆锥体。选择"插入"→"设计特征"→"旋转"命令，截面选择线 1，旋转轴选择边 1，旋转出左圆锥体；截面选择线 2，旋转轴选择边 2，旋转出右圆锥体，如图 3-8-2 和图 3-8-3 所示。

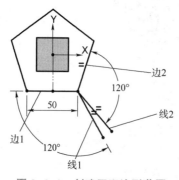
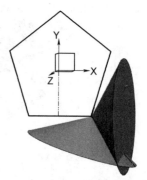

图 3-8-2　创建正五边形草图　　　　图 3-8-3　旋转出圆锥体

4. 创建相交曲线。选择"插入"→"派生曲线"→"相交"命令，弹出"相交曲线"对话框，如图 3-8-4 所示，第一组面选择右圆锥体锥面，第二组面选择左圆锥体锥面，得到两相交曲线。

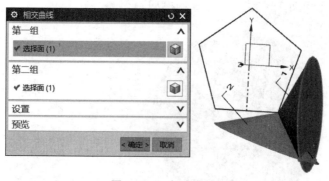

图 3-8-4　相交曲线

5. 创建基准平面。按 Ctrl+B 组合键，隐藏两圆锥体，选择"插入"→"基准/点"→"基准平面"命令，选择线 1、线 2，创建基准平面，如图 3-8-5 所示。

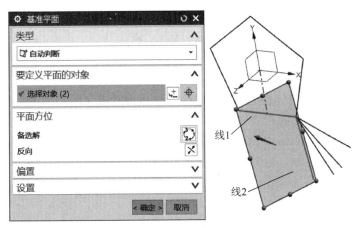

图 3-8-5 创建基准平面

6. 创建正六边形草图。选择"插入"→"草图"命令，选择第 5 步创建的基准平面与投影线 1、线 2，绘制六边形的构造圆，并补齐其余四边，使其与投影线 1 等长，如图 3-8-6 所示。

7. 创建确定球心的草图。选择"插入"→"草图"命令，在 Y-Z 平面绘制两直线，其中一条经过坐标原点且与 Z 轴对齐，另一条经过六边形构造圆的圆心，且垂直于六边形中一条边，两直线交点即球心，如图 3-8-7 所示。

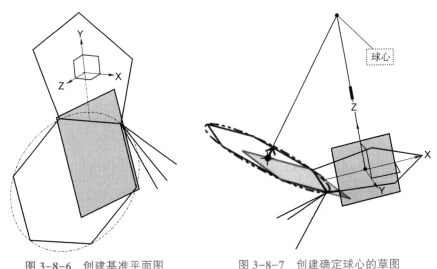

图 3-8-6 创建基准平面图　　　　图 3-8-7 创建确定球心的草图

8. 创建双圆草图。选择"插入"→"草图"命令，在 Y-Z 平面绘制一个圆，使其圆心经过球心，圆上一点为五边形在 Y 轴上的顶点，设置向内偏置为 5 mm，如图 3-8-8 所示。

9. 创建五棱锥、六棱锥。选择"插入"→"网格曲面"→"通过曲线组"命令，弹出"通过曲线组"对话框，如图 3-8-9 所示，截面 1 选择五边形，截面 2 选择球心点，注意勾选"保留形状"复选框，创建五棱锥。用同样方法，创建六棱锥。

10. 偏置五棱锥、六棱锥底面。选择"插入"→"偏置/缩放"→"偏置面"命令，弹

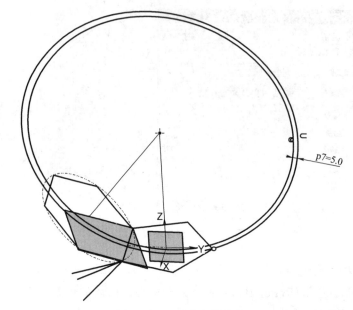

图 3-8-8　创建双圆草图

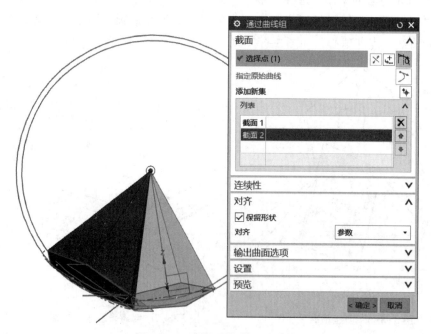

图 3-8-9　创建五棱锥、六棱锥

出"偏置面"对话框，如图 3-8-10 所示，选择五棱锥、六棱锥的底面，偏置距离设置为 20 mm，使其超出圆外表面。

11. 创建空心球体。选择"插入"→"设计特征"→"旋转"命令，弹出"旋转"对话框，如图 3-8-11 所示，截面选择第 8 步绘制的两个圆，旋转轴选择 Z 轴，创建空心球体。

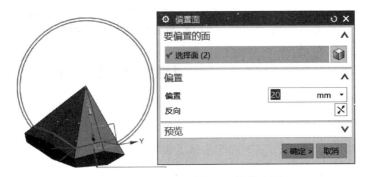

图 3-8-10　偏置五棱锥、六棱锥底面

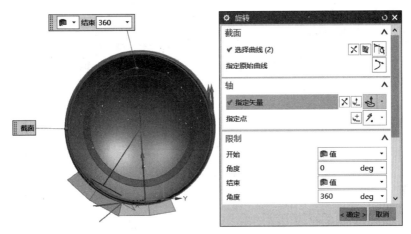

图 3-8-11　创建空心球体

12. 创建足球的五边形体。选择"插入"→"组合"→"求交"命令，弹出"求交"对话框，如图 3-8-12 所示，目标选择五棱锥，工具选择第 11 步创建的空心球体，注意勾选"保存工具"复选框，创建足球的五边形体。

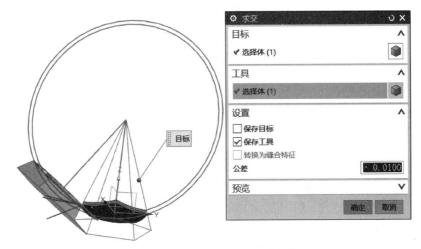

图 3-8-12　创建足球的五边形体

13. 创建足球的六边形体。选择"插入"→"组合"→"求交"命令，目标选择六棱锥，工具选择第11步创建的空心球体，注意取消勾选"保存工具"复选框，创建足球的六边形体，如图3-8-13所示。

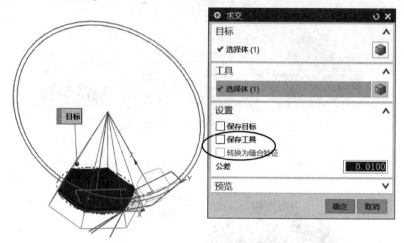

图 3-8-13　创建足球的六边形体

14. 创建 R3 mm 圆角。选择"插入"→"细节特征"→"边倒圆"命令，弹出"边倒圆"对话框，如图3-8-14所示，选择方式设置为面的边，选择五边形体、六边形体的外表面，圆角半径设置为 3 mm，创建 R3 mm 圆角。

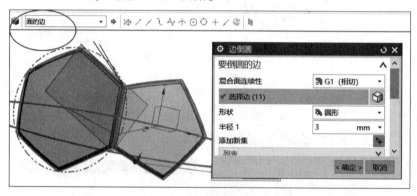

图 3-8-14　创建 R3 mm 圆角

15. 数据的图层管理。按 Ctrl+Shift+U 组合键，显示当前足球模型的所有对象，再按 Ctrl+B 组合键，隐藏五边形体、六边形体及下方指向球心的两直线。选择"格式"→"移动至图层"命令，弹出"图层移动"对话框，如图3-8-15所示，窗口选择所有显示的对象，移动至图层250。

16. 准备好阵列的对象。选择"格式"→"图层设置"命令，弹出"图层设置"对话框，如图3-8-16所示，关闭250图层，按 Ctrl+Shift+U 组合键，显示图层1上的所有对象。

17. 阵列出五边形体。选择"插入"→"关联复制"→"阵列几何特征"命令，弹出"阵列几何特征"对话框，如图3-8-17所示，要形成阵列的几何特征选择五边形体及其下方的线，布局设置为圆形，旋转轴选择六边形体下方直线，间距设置为数量和节距，数量设置为2，节距角设置为120°。

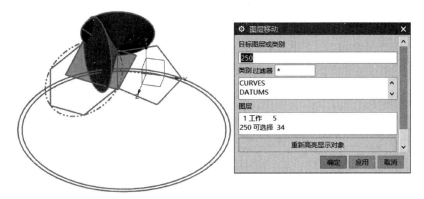

图 3-8-15　数据的图层管理

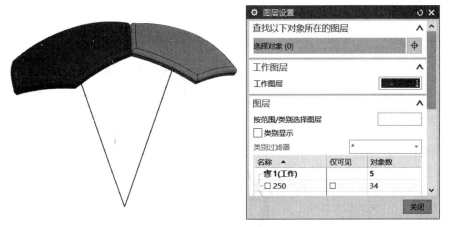

图 3-8-16　准备好整列的对象

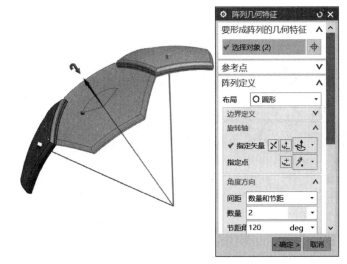

图 3-8-17　阵列出五边形体

18. 阵列出六边形体。选择"插入"→"关联复制"→"阵列几何特征"命令，弹出"阵列几何特征"对话框，如图3-8-18所示，要形成阵列的几何特征选择六边形体，布局设置为圆形，旋转轴选择第17步得到的五边形体下方直线，间距设置为数量和节距，数量设置为2，节距角设置为72°。

图3-8-18　阵列出六边形体

19. 阵列出上半球。选择"插入"→"关联复制"→"阵列几何特征"命令，弹出"阵列几何特征"对话框，如图3-8-19所示，要形成阵列的几何特征选择两六边形体及第17步得到的五边形体，布局设置为圆形，旋转轴选择原始的五边形体下方直线，间距设置为数量和节距，数量设置为5，节距角设置为72°，这样就阵列出上半球。

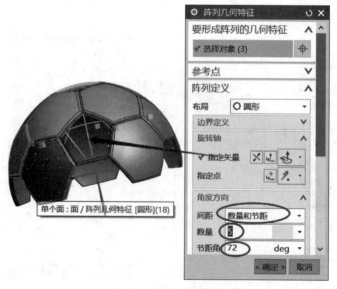

图3-8-19　阵列出上半球

20. 镜像出下半球。选择"插入"→"关联复制"→"镜像几何体"命令，弹出"镜像几何体"对话框，如图3-8-20所示，类型过滤器设置为实体，框选所有上半球形体（共16个对象），镜像平面中的指定平面方式设置为自动平面或曲线和点，选择原始的五边形体下方直线的球心端点，镜像出下半球，但上下半球没有吻合。

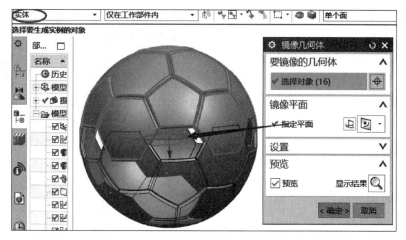

图 3-8-20　镜像出下半球

21. 阵列出吻合的下半球。在部件导航器中选择第20步镜像出的下半球，选择"插入"→"关联复制"→"阵列几何特征"命令，弹出"阵列几何特征"对话框，如图3-8-21所示，布局设置为圆形，旋转轴选择原始的五边形体下方直线，间距设置为数量和节距，数量设置为2，节距角设置为36°，阵列出与上半球吻合的下半球。

图 3-8-21　阵列出吻合的下半球

22. 图层处理。如图 3-8-22 所示，在"部件导航器"中选择第 20 步镜像出的下半球，选择"格式"→"移动至图层"命令，将下半球移动至 250 层，得到完整的足球模型。

图 3-8-22　图层处理后最终的足球模型

【上机练习】

根据图 3-8-23 所示篮球，建立该篮球的模型。

图 3-8-23　篮球

篮球模型设计步骤见表3-8-1。

表 3-8-1　篮球模型设计步骤

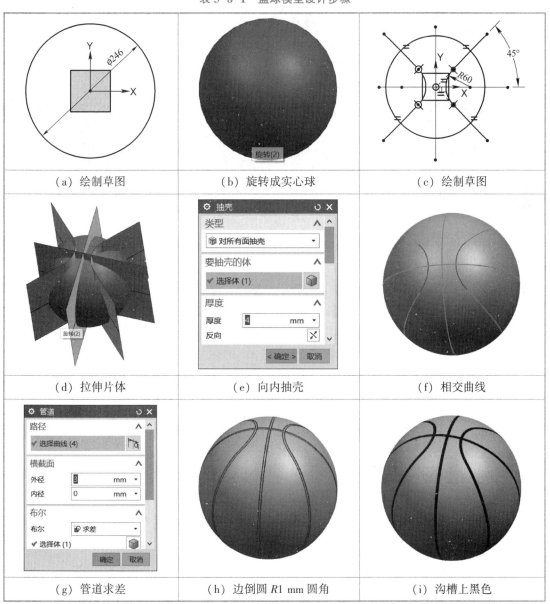

（a）绘制草图	（b）旋转成实心球	（c）绘制草图
（d）拉伸片体	（e）向内抽壳	（f）相交曲线
（g）管道求差	（h）边倒圆 *R*1 mm 圆角	（i）沟槽上黑色

任务九　易辨识矿泉水瓶的建模

【任务导入】

根据图 3-9-1 所示的易辨识矿泉水瓶，建立模型。

图 3-9-1　易辨识矿泉水瓶

视频：易辨识矿泉水瓶

【任务分析】

易辨识矿泉水瓶的设计，参加了省级、国家级"互联网+"大赛，获得了金奖、银奖。易辨识矿泉水瓶的瓶底、瓶身、易辨识部分设计新颖，融合了多种曲面命令，是一个比较经典的曲面建模的综合例题。瓶底凹槽由扫掠形成，瓶身波纹面运用了表达式、剖面曲面、曲面编辑，瓶口运用了曲线、剖面曲面，易辨识部分运用了扫掠、修剪、文本等创意设计。

【任务实施】

1. 新建易辨识矿泉水瓶文件。选择"文件"→"新建"命令，弹出"新建"对话框。在"模型"选项卡的"模板"选项区域中选择"模型"命令，在"名称"文本框中输入"易辨识矿泉水瓶"，在"文件夹"文本框中输入文件保存位置。单击"确定"按钮，进入建模环境。

2. 创建瓶底外轮廓草图。选择"插入"→"草图"命令，在 X-Z 平面上绘制图 3-9-2 所示草图。

3. 创建瓶底沟槽轨迹草图。选择"插入"→"草图"命令，在 X-Z 平面上绘制图 3-9-3 所示草图。

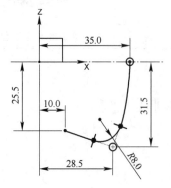

图 3-9-2　创建瓶底外轮廓草图

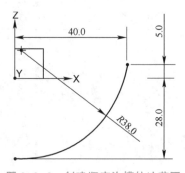

图 3-9-3　创建瓶底沟槽轨迹草图

4. 创建瓶底沟槽截面草图。选择"插入"→"草图"命令，草图类型设置为基于路径，选择第 3 步创建的草图，绘制图 3-9-4 所示草图。

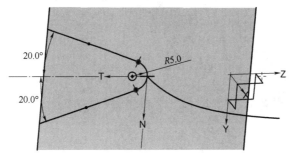

图 3-9-4　创建瓶底沟槽截面草图

5. 创建瓶底外轮廓片体。选择"插入"→"设计特征"→"旋转"命令，截面选择第 2 步创建的草图，创建瓶底外轮廓片体。

6. 创建瓶底沟槽片体。选择"插入"→"扫掠"→"扫掠"命令，弹出"扫掠"对话框，如图 3-9-5 所示，截面选择第 4 步创建的草图，引导线选择第 3 步创建的草图，创建瓶底沟槽片体。

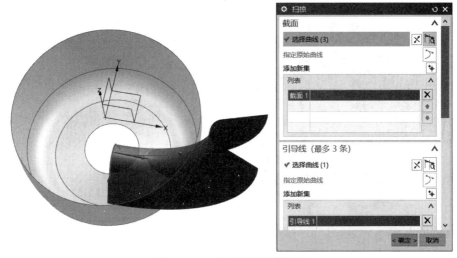

图 3-9-5　创建瓶底沟槽片体

7. 阵列瓶底沟槽片体。选择"插入"→"关联复制"→"阵列几何特征"命令，弹出"阵列几何特征"对话框，如图 3-9-6 所示，选择第 6 步创建的片体，布局设置为圆形，旋转轴选择 Z 轴，间距设置为数量和跨角，数量设置为 5，跨角设置为 360°。

8. 修剪瓶底沟槽。选择"插入"→"修剪"→"修剪和延伸"命令，弹出"修剪和延伸"对话框，如图 3-9-7 所示，修剪和延伸类型设置为制作拐角，目标选择第 7 步阵列完成的片体，工具选择第 5 步创建的片体，注意反向设置找到需要的结果，重复 5 次该操作，完成瓶底沟槽修剪。

9. 修补底部中心孔。选择"插入"→"网格曲面"→"N 边曲面"命令，弹出"N 边曲面"对话框，如图 3-9-8 所示，类型设置为已修剪，外环曲线选择中心圆，约束面选择其相邻面，使之与其相切，UV 方位设置为面积，完成底部中心孔修补。

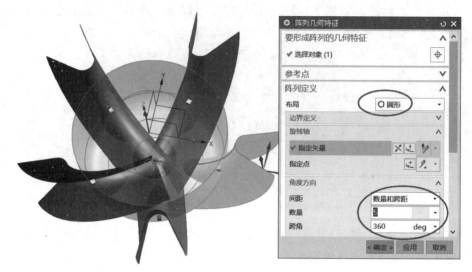

图 3-9-6   阵列瓶底沟槽片体

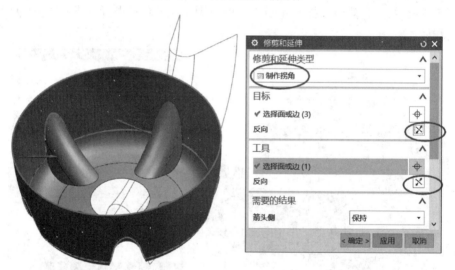

图 3-9-7   修剪瓶底沟槽

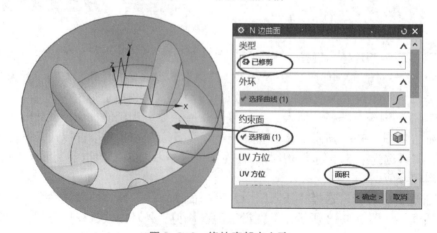

图 3-9-8   修补底部中心孔

10. 底部倒圆角。选择"插入"→"细节特征"→"边倒圆"命令，选择瓶底沟槽边线，设置圆角半径为 3 mm。

11. 创建瓶身外轮廓草图。选择"插入"→"草图"命令，在 X-Z 平面绘制图 3-9-9 所示草图。

12. 创建瓶身外轮廓片体。选择"插入"→"设计特征"→"旋转"命令，截面选择第 11 步创建的草图，创建瓶身外轮廓片体，如图 3-9-10 所示。

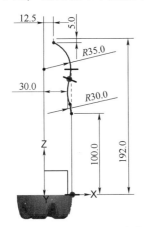
图 3-9-9　创建瓶身外轮廓草图

图 3-9-10　创建瓶身外轮廓片体

13. 创建瓶身波纹规律曲线表达式。选择"工具"→"表达式"命令，弹出"表达式"对话框，如图 3-9-11 所示。输入表达式，图 3-9-11 所示为两组规律曲线表达式。

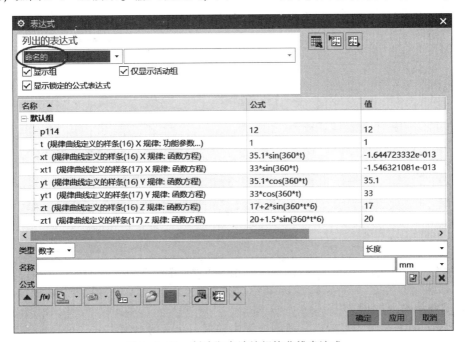
图 3-9-11　创建瓶身波纹规律曲线表达式

14. 创建瓶身波纹规律曲线。选择"插入"→"曲线"→"规律曲线"命令，弹出

"规律曲线"对话框，如图 3-9-12 所示，（t，xt，yt，zt）为一组方程曲线，（t，xt1，yt1，zt1）为另一组方程曲线，创建瓶身波纹规律曲线。

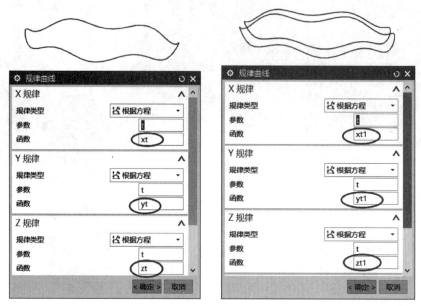

图 3-9-12　创建瓶身波纹规律曲线

15. 阵列瓶身波纹规律曲线。选择"插入"→"关联复制"→"阵列几何特征"命令，弹出"阵列几何特征"对话框，如图 3-9-13 所示，选择第 14 步创建的下方曲线，布局设置为线性，方向为 Z 轴，间距设置为数量和节距，数量设置为 2，节距设置为 6 mm。

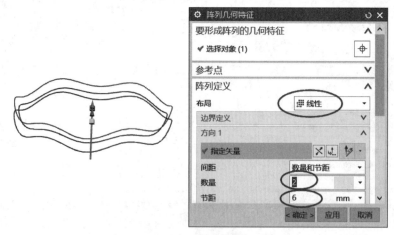

图 3-9-13　阵列瓶身波纹规律曲线

16. 创建瓶身波纹曲面。选择"插入"→"扫掠"→"截面"命令，弹出"剖切曲面"对话框，如图 3-9-14 所示，类型设置为圆形，模式设置为三点，起始引导线选下方曲线，内部引导线选中间曲线，终止引导线选上方曲线，脊线设置为按曲线方式，选择中间曲线。

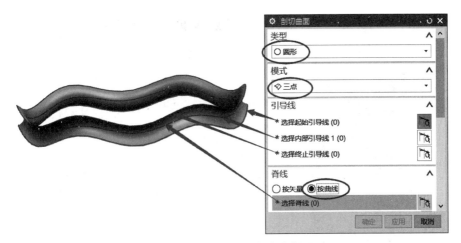

图 3-9-14　创建瓶身波纹曲面

17. 阵列瓶身波纹曲面。选择"插入"→"关联复制"→"阵列几何特征"命令，弹出"阵列几何特征"对话框，如图 3-9-15 所示，选择第 16 步创建的曲面，布局设置为线性，方向为 Z 轴，间距设置为数量和节距，数量设置为 3，节距设置为 20 mm。

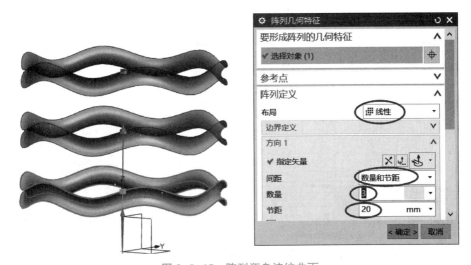

图 3-9-15　阵列瓶身波纹曲面

18. 修剪瓶身波纹曲面。选择"插入"→"修剪"→"修剪和延伸"命令，弹出"修剪和延伸"对话框，如图 3-9-16 所示，修剪和延伸类型设置为制作拐角，目标选择第 12 步创建的瓶身外轮廓片体，工具选择第 17 步阵列完成的瓶身波纹曲面，注意切换方向找到需要的结果，勾选"组合目标和工具"复选框，重复 3 次该操作，完成瓶身波纹曲面修剪。

19. 波纹倒圆角。选择"插入"→"细节特征"→"边倒圆"命令，选择波纹曲面边线，圆角半径设置为 2 mm。

20. 创建瓶口轮廓草图。选择"插入"→"草图"命令，在 X-Z 平面绘制瓶口轮廓草图，如图 3-9-17 所示。

图 3-9-16　修剪瓶身波纹曲面

21. 创建瓶口外轮廓片体。选择"插入"→"设计特征"→"旋转"命令，截面选择第 20 步创建的草图，创建瓶口外轮廓片体，如图 3-9-18 所示。

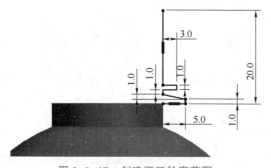

图 3-9-17　创建瓶口轮廓草图

图 3-9-18　旋转创建瓶口外轮廓片体

22. 创建瓶口螺纹螺旋线。选择"插入"→"曲线"→"螺旋线"命令，弹出"螺旋线"对话框，如图 3-9-19 所示，设置直径为 25 mm，螺距为 4 mm，圈数为 2.5，位置选择瓶口圆心，单击 ZC 轴箭头，距离设置为 -12 mm，向下移动 12 mm。

23. 绘制螺纹端点两直线。选择"插入"→"曲线"→"直线"命令，弹出"直线"对话框，如图 3-9-20 所示，起点为第 22 步创建的螺旋线端点，方向为 X 轴，绘制两条直线。

24. 创建曲线圆角。选择"插入"→"曲线"→"基本曲线"命令，单击"圆角"按钮，弹出"曲线倒圆"对话框，如图 3-9-21 所示，单击"2 曲线圆角"按钮，逆时针方向顺序拾取 3 个点，其中第 3 点为圆弧约中心点的位置。此操作为非参数方式，设置圆角时会提醒螺旋线和直线参数将被移除，单击"是"按钮即可。

图 3-9-19 创建瓶口螺纹螺旋线

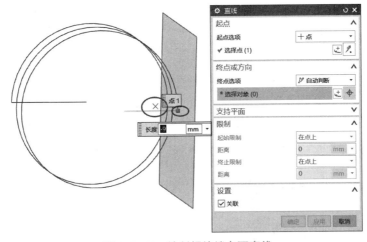

图 3-9-20 绘制螺纹端点两直线

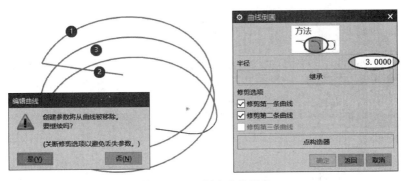

图 3-9-21 创建曲线圆角

25. 创建螺纹曲面。选择"插入"→"扫掠"→"截面"命令，弹出"剖切曲面"对话框，如图 3-9-22 所示，设置曲面类型和参数，其中引导线和脊线是选择第 21 步创建的片体及第 22、第 23 步创建的曲线，创建螺纹曲面。

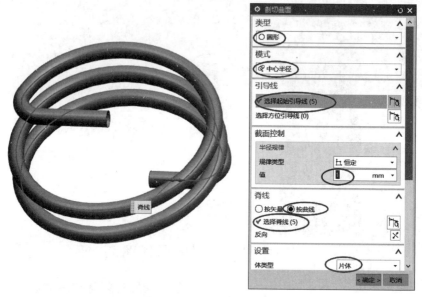

图 3-9-22　创建螺纹曲面

26. 修剪螺纹曲面。选择"插入"→"修剪"→"修剪和延伸"命令，弹出"修剪和延伸"对话框，如图 3-9-23 所示，修剪和延伸类型设置为制作拐角，目标选择螺纹曲面，工具选择瓶口曲面，注意切换方向，完成螺纹曲面修剪。

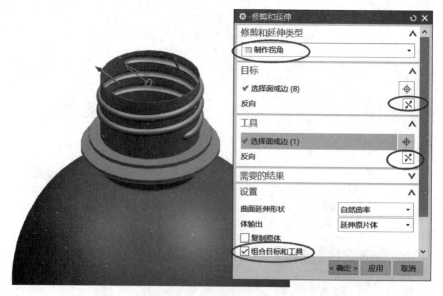

图 3-9-23　修剪螺纹曲面

以下步骤为易辨识创新设计部分。

27. 创建瓶身凹槽特征轨迹草图。选择"插入"→"草图"命令，在 X-Z 平面绘制图 3-9-24 所示草图。

28. 创建瓶身凹槽特征截面草图。选择"插入"→"草图"命令，弹出"创建草图"对话框，如图 3-9-25 所示，草图类型设置为基于路径，路径选择第 27 步创建的草图，弧长百分比设置为 0。

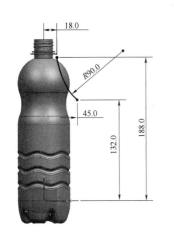

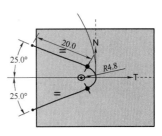

图 3-9-24　创建瓶身凹槽特征轨迹草图　　　图 3-9-25　创建瓶身凹槽特征截面草图

29. 扫掠瓶身沟槽片体。选择"插入"→"扫掠"→"扫掠"命令，弹出"扫掠"对话框，如图 3-9-26 所示，截面选择第 28 步创建的草图，引导线选择第 27 步创建的草图，扫掠瓶身沟槽片体。

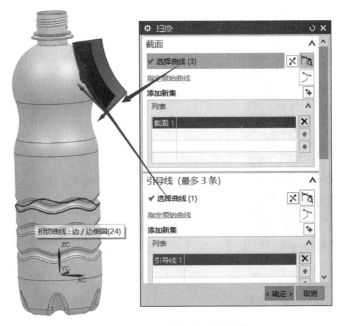

图 3-9-26　扫掠瓶身沟槽片体

30. 阵列瓶身沟槽片体。选择"插入"→"关联复制"→"阵列几何特征"命令，弹出"阵列几何特征"对话框,如图3-9-27所示,选择第29步创建的片体,布局设置为圆形,旋转轴选择Z轴,间距设置为数量和跨角,数量设置为10,跨角设置为360°。

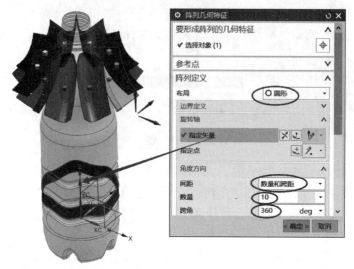

图3-9-27 阵列瓶身沟槽片体

31. 修剪瓶身沟槽片体。选择"插入"→"修剪"→"修剪和延伸"命令,弹出"修剪和延伸"对话框,如图3-9-28所示,修剪和延伸类型设置为制作拐角,目标选择瓶身片体,工具选择第30步阵列完成的片体,注意反向设置,重复10次该操作,完成整个瓶身沟槽修剪。

图3-9-28 修剪瓶身沟槽片体

32. 瓶身沟槽倒圆角。选择"插入"→"细节特征"→"边倒圆"命令,弹出"边倒圆"对话框,如图3-9-29所示,选择瓶身沟槽边线,圆角半径设置为2 mm。

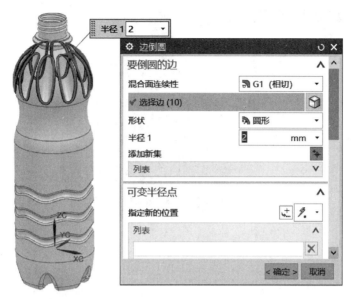

图 3-9-29　瓶身沟槽倒圆角

33. 缝合水瓶片体。选择"插入"→"组合"→"缝合"命令，弹出"缝合"对话框，如图 3-9-30 所示，目标选择瓶口片体，工具选择其他所有片体，缝合水瓶片体。

图 3-9-30　缝合水瓶片体

34. 加厚片体。选择"插入"→"偏置/缩放"→"加厚"命令，弹出"加厚"对话框，如图 3-9-31 所示，选择第 33 步缝合的片体，设置向内加厚 0.2 mm。

35. 创建 X-Y 平面草图。选择"插入"→"草图"命令，选择 X-Y 平面，绘制草图，如图 3-9-32 所示。

36. 创建偏置曲面。选择"插入"→"偏置/缩放"→"偏置曲面"命令，弹出"偏置曲面"对话框，选中图 3-9-33 所示曲面，偏置设置为 0 mm，复制所选曲面，此曲面用于文本位置参考。

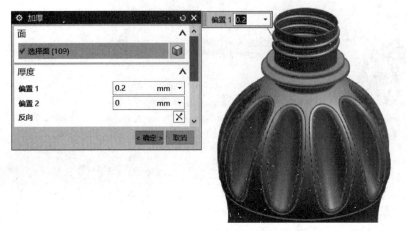

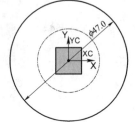

图 3-9-31 加厚片体　　　　　　　　图 3-9-32 创建 X-Y 平面草图

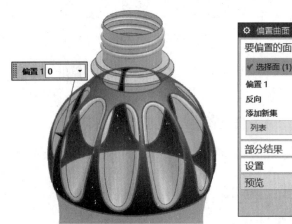

图 3-9-33 创建偏置曲面

37. 创建曲线文本 0~7。选择"插入"→"曲线"→"文本"命令,弹出"文本"对话框,如图 3-9-34 所示,类型设置为曲线上,文本放置曲线选择第 35 步创建的草图,由于无法一次操作整圈文本,因此整圈文本用两个曲线文本完成。在"文本属性"文本框中输入"0 1 2 3 4 5 6 7",线形设置为华文行楷,参数百分比为 24.5,使文本 0 与 Y 轴对齐,文本位置以第 36 步创建的曲面作为参考,文本避开空洞处,文本间隔用空格调整。

38. 创建曲线文本 8~9。选择"插入"→"曲线"→"文本"命令,弹出"文本"对话框,如图 3-9-35 所示,类型设置为曲线上,文本放置曲线选择第 35 步创建的草图,在"文本属性"文本框中输入"8 9",线形设置为华文行楷,参数百分比为 5,使文本 8 与文本 7 的间隔与其他文本间隔相同,文本位置以第 36 步创建的曲面作为参考,文本避开空洞处,文本间隔用空格来调整。

39. 扩大曲面。选择"编辑"→"曲面"→"扩大"命令,选择第 36 步创建的曲面,得到此面的原始面。

40. 偏置曲面。选择"插入"→"偏置/缩放"→"偏置曲面"命令,选择第 39 步创建的曲面,向外偏置 0.2 mm。

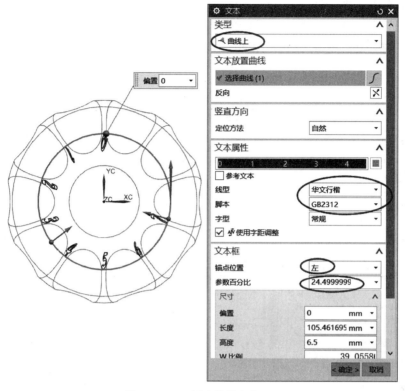

图 3-9-34 创建曲线文本 0~7

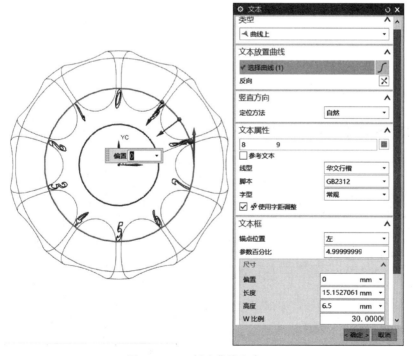

图 3-9-35 创建曲线文本 8~9

41. 拉伸文本。选择"插入"→"设计特征"→"拉伸"命令，弹出"拉伸"对话框，如图 3-9-36 所示，截面选择第 37、第 38 步创建的文本，限制设置为直至延伸部分，选择第 39 步创建的扩大曲面，结束选择第 40 步创建的偏置曲面，设置布尔求和，文本高出瓶身 0.2 mm。

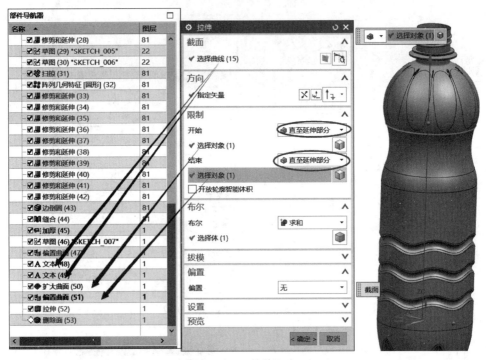

图 3-9-36　拉伸文本

42. 删除瓶口内部面。选择"插入"→"同步建模"→"删除面"命令，弹出"删除面"对话框，如图 3-9-37 所示，删除瓶口内部面。

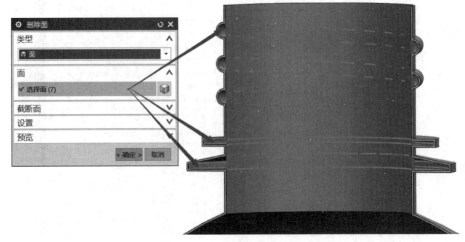

图 3-9-37　删除瓶口内部面

43. 文字着色。按 Ctrl+J 组合键，过滤器设置为面，窗口框选文字，颜色设置为中国红。易辨识矿泉水瓶模型如图 3-9-38 所示。

图 3-9-38　易辨识矿泉水瓶模型

【上机练习】

根据图 3-9-39 所示的莫比乌斯环，建立模型。

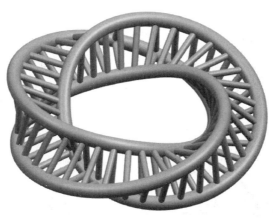

图 3-9-39　莫比乌斯环

莫比乌斯环设计步骤见表3-9-1。

表 3-9-1　莫比乌斯环设计步骤

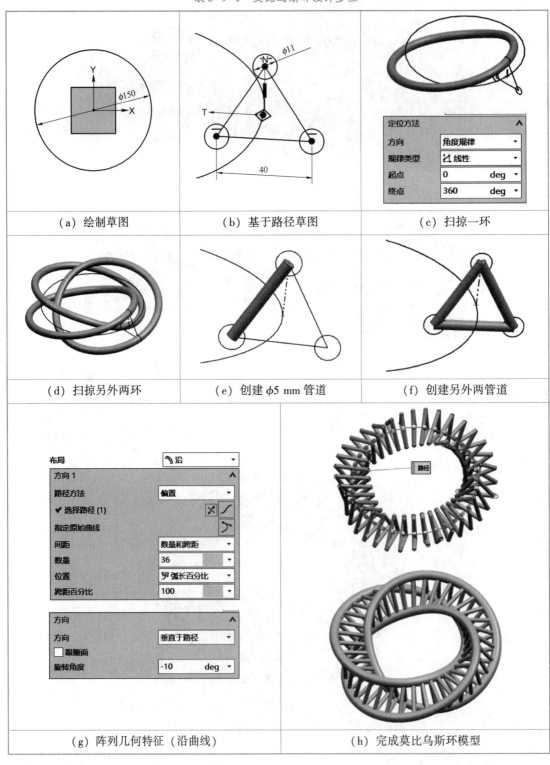

（a）绘制草图	（b）基于路径草图	（c）扫掠一环
（d）扫掠另外两环	（e）创建 φ5 mm 管道	（f）创建另外两管道
（g）阵列几何特征（沿曲线）		（h）完成莫比乌斯环模型

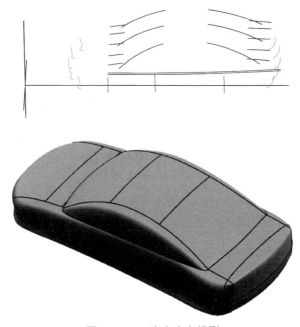

任务十　汽车车身的建模

【任务导入】

根据提供的线架，构建汽车车身模型，如图3-10-1所示。

图3-10-1　汽车车身模型

视频：车身

【任务分析】

该汽车车身模型长度超5 500 mm，是现实的汽车车身模型。本任务根据提供的线架文件，运用"直纹""通过曲线组""通过曲线网格""剖面曲面""桥接曲面""修剪和延伸""缝合"等多种曲面命令构建汽车车身模型，车身前端要求较高，曲面之间做到G2曲率连续，车身后端要求低于前端，做到G1相切连续即可。该模型是练习曲面的经典模型。

【任务实施】

1. 打开线架模型。选择"文件"→"打开"命令，弹出"打开文件"对话框。在文件夹中选择car_line文件，单击OK按钮，进入建模环境。

2. 创建前脸曲面。选择"插入"→"网格曲面"→"通过曲线组"命令，弹出"通过曲线组"对话框，如图3-10-2所示，分别选择前脸5组曲线作为5个截面，创建前脸曲面。

3. 创建左侧曲面。选择"插入"→"网格曲面"→"通过曲线组"命令，弹出"通过曲线组"对话框，如图3-10-3所示，分别选择左侧3组曲线作为3个截面，创建左侧曲面。

图 3-10-2　创建前脸曲面

图 3-10-3　创建左侧曲面

4. 创建车尾曲面。选择"插入"→"网格曲面"→"通过曲线组"命令，弹出"通过曲线组"对话框，如图 3-10-4 所示，分别选择车尾 5 组曲线作为 5 个截面，创建车尾曲面。

图 3-10-4　创建车尾曲面

5. 创建尾门曲面。选择"插入"→"网格曲面"→"通过曲线组"命令，弹出"通过曲线组"对话框，如图 3-10-5 所示，分别选择尾门 5 组曲线作为 5 个截面，创建尾门曲面。

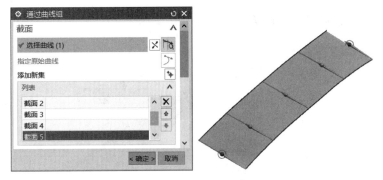

图 3-10-5　创建尾门曲面

6. 创建引擎盖曲面。选择"插入"→"网格曲面"→"通过曲线组"命令，弹出"通过曲线组"对话框，如图 3-10-6 所示，分别选择引擎盖 5 组曲线作为 5 个截面，创建引擎盖曲面。现已创建车身 5 个曲面，如图 3-10-7 所示。

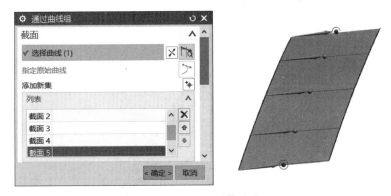

图 3-10-6　创建引擎盖曲面

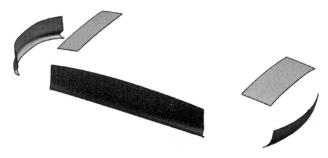

图 3-10-7　通过"通过曲线组"命令创建的车身 5 个曲面

7. 桥接左前角过渡曲面。选择"插入"→"细节特征"→"桥接"命令，弹出"桥接曲面"对话框，如图 3-10-8 所示，分别选择 2 条对应边，连续性设置为 G2 曲率连续，流向设置为等参数。

8. 桥接左后角过渡曲面。选择"插入"→"细节特征"→"桥接"命令，弹出"桥接曲面"对话框，如图 3-10-9 所示，分别选择 2 条对应边，连续性设置为 G1 相切连续，流向设置为等参数。

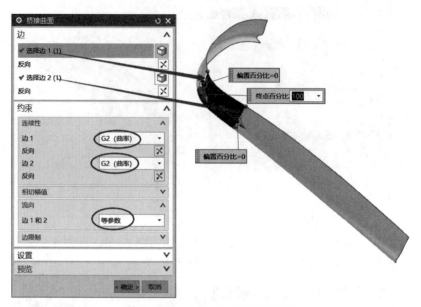

图 3-10-8　桥接左前角过渡曲面

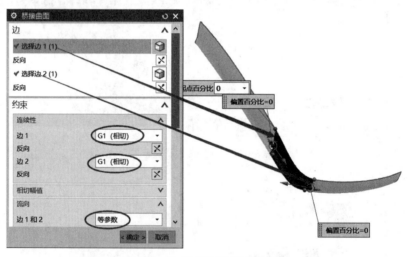

图 3-10-9　桥接左后角过渡曲面

9. 创建引擎盖剖面曲面。选择"插入"→"扫掠"→"截面"命令，弹出"剖切曲面"对话框，如图 3-10-10 所示。类型设置为二次曲线；模式设置为 Rho；起始引导线、终止引导线按图 3-10-10 选择；斜率控制设置为按面，起始面、终止面按图 3-10-10 选择；剖切方法设置为 Rho，值设置为 0.5；脊线设置为按曲线，选择图 3-10-10 所指直线；U 向次数设置为五次，创建引擎盖剖面曲面。

10. 创建尾门剖面曲面。选择"插入"→"扫掠"→"截面"命令，弹出"剖切曲面"对话框，如图 3-10-11 所示。类型设置为二次曲线；模式设置为 Rho；起始引导线、终止引导线按图 3-10-11 选择；斜率控制设置为按面，起始面、终止面按图 3-10-11 选择；剖切方法设置为 Rho，值设置为 0.85；脊线设置为按曲线，选择图 3-10-11 所指直线；U 向次数设置为二次，创建尾门剖面曲面。

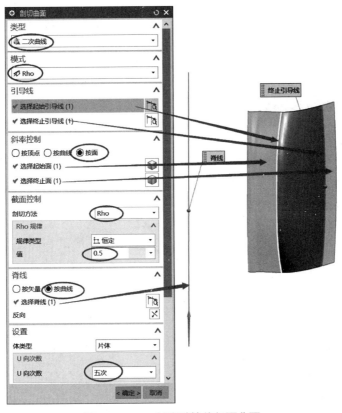

图 3-10-10 创建引擎盖剖面曲面

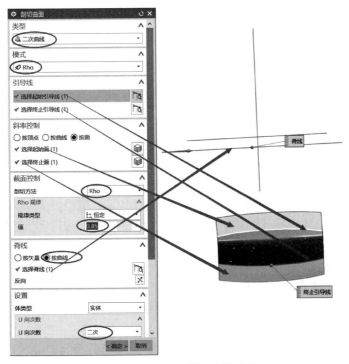

图 3-10-11 创建尾门剖面曲面

11. 创建前后贯穿的剖面曲面。选择"插入"→"扫掠"→"截面"命令，弹出"剖切曲面"对话框，如图 3-10-12 所示。类型设置为二次曲线；模式设置为 Rho；起始引导线、终止引导线按图 3-10-12 选择；斜率控制设置为按面，起始面、终止面按图 3-10-12 选择；剖切方法设置为 Rho，值设置为 0.5；脊线设置为按曲线，选择图 3-10-12 所指直线；U 向次数设置为二次，创建前后贯穿的剖面曲面。

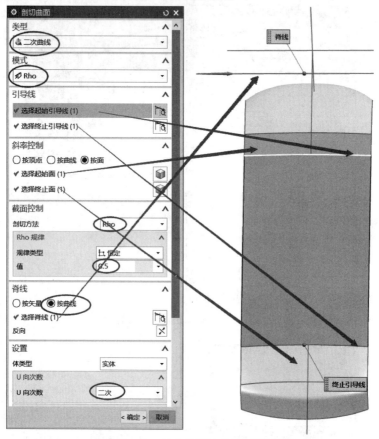

图 3-10-12　创建前后贯穿的剖面曲面

12. 创建侧面前后贯穿的剖面曲面。选择"插入"→"扫掠"→"截面"命令，弹出"剖切曲面"对话框，如图 3-10-13 所示。类型设置为二次曲线；模式设置为 Rho；起始引导线选择上方 4 个面边线，终止引导线选择下方 3 个面边线；斜率控制设置为按面，起始面选择上方 4 个面，终止面选择下方 3 个面；剖切方法设置为 Rho，值设置为 0.5；脊线设置为按曲线，选择图 3-10-13 所指直线；U 向次数设置为五次，创建侧面前后贯穿的剖面曲面。

13. 创建后尾灯网格曲面。选择"插入"→"网格曲面"→"通过曲线网格"命令，弹出"通过曲线网格"对话框，如图 3-10-14 所示，主曲线 1 选择顶点，主曲线 2 和交叉曲线按图 3-10-14 依次选取，除了顶点不能相切，其他都与相应周边曲面 G1 相切连续，创建后尾灯网格曲面。

14. 创建前挡风玻璃曲面。选择"插入"→"网格曲面"→"通过曲线组"命令，弹出"通过曲线组"对话框，如图 3-10-15 所示，分别选择前挡风玻璃 3 组曲线作为 3 个截面，创建前挡风玻璃曲面。

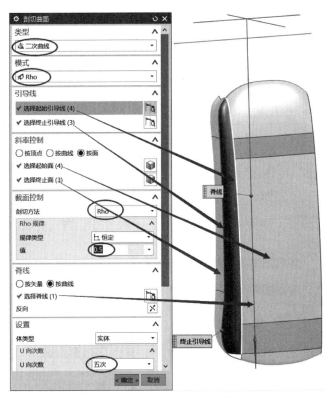

图 3-10-13　创建侧面前后贯穿的剖面曲面

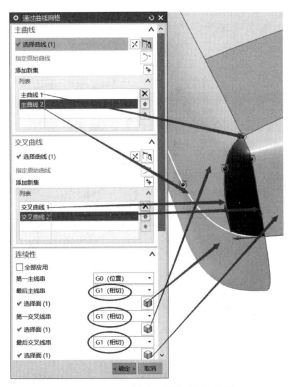

图 3-10-14　创建后尾灯网格曲面

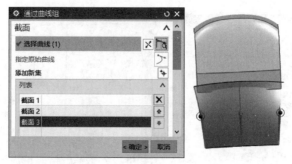

图 3-10-15　创建前挡风玻璃曲面

15. 创建后挡风玻璃曲面。选择"插入"→"网格曲面"→"通过曲线组"命令，弹出"通过曲线组"对话框，如图 3-10-16 所示，分别选择后挡风玻璃 3 组曲线作为 3 个截面，创建后挡风玻璃曲面。

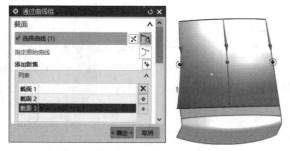

图 3-10-16　创建后挡风玻璃曲面

16. 桥接车顶过渡曲面。选择"插入"→"细节特征"→"桥接"命令，弹出"桥接曲面"对话框，如图 3-10-17 所示，分别选择 2 条对应边，连续性设置为 G2 曲率连续，流向设置为等参数。

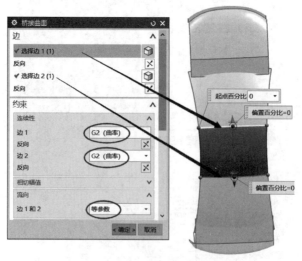

图 3-10-17　桥接车顶过渡曲面

17. 创建左侧车窗直纹控制曲面。选择"插入"→"网格曲面"→"直纹"命令，弹出"直纹"对话框，如图 3-10-18 所示，分别选择左侧 2 组曲线作为 2 个截面，创建左侧车窗直纹控制曲面。

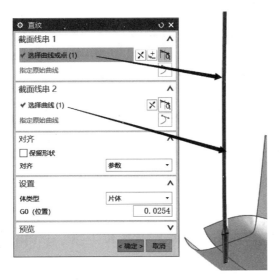

图 3-10-18　创建左侧车窗直纹控制曲面

18. 创建左侧车窗剖面曲面。选择"插入"→"扫掠"→"截面"命令，弹出"剖切曲面"对话框，如图 3-10-19 所示。类型设置为三次；模式设置为圆角桥接；起始引导线选择第 14、第 15、第 16 步创建的曲面 3 条边线，终止引导线选择第 17 步创建的曲面上边线；斜率控制起始面选择上方 3 个面，终止面选择下方 1 个面；连续性设置为 G2 曲率连续；深度设置为 38.5，歪斜设置为 50；脊线设置为按曲线，选择中轴线作为脊线，创建左侧车窗剖面曲面。

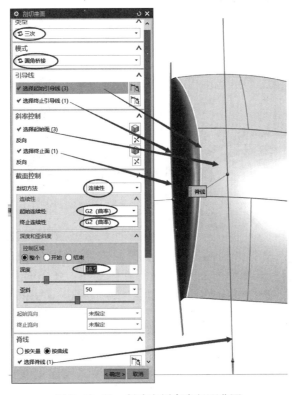

图 3-10-19　创建左侧车窗剖面曲面

19. 创建左右对称基准平面。选择"插入"→"基准/点"→"基准平面"命令,弹出"基准平面"对话框,选择图 3-10-20 所示直线,创建左右对称基准平面。

图 3-10-20　创建左右对称基准平面

20. 镜像右侧曲面。选择"插入"→"关联复制"→"镜像几何体"命令,弹出"镜像几何体"对话框,如图 3-10-21 所示,选择左侧 6 个曲面,镜像平面选择第 19 步创建的基准平面,镜像右侧曲面。

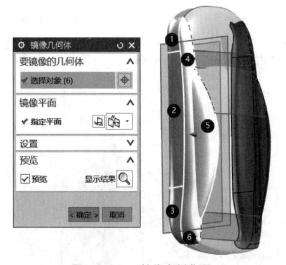

图 3-10-21　镜像右侧曲面

21. 缝合车顶曲面。选择"插入"→"组合"→"缝合"命令,弹出"缝合"对话框,如图 3-10-22 所示,目标选择片体 1,工具选择片体 2~5,缝合车顶曲面。

22. 缝合车身曲面。选择"插入"→"组合"→"缝合"命令,弹出"缝合"对话框,如图 3-10-23 所示,目标选择中间片体,工具选择其余所有片体,缝合车身曲面。

23. 修剪整车片体。选择"插入"→"修剪"→"修剪和延伸"命令,弹出"修剪和延伸"对话框,如图 3-10-24 所示,修剪和延伸类型设置为制作拐角,目标选择第 21 步缝合的车顶曲面,工具选择第 22 步缝合的车身曲面,注意反向设置,勾选"组合目标和工具"复选框,完成整车片体修剪。

图 3-10-22　缝合车顶曲面

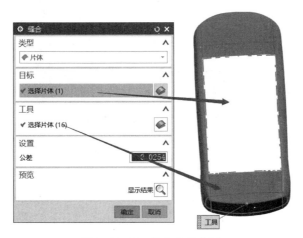

图 3-10-23　缝合车身曲面

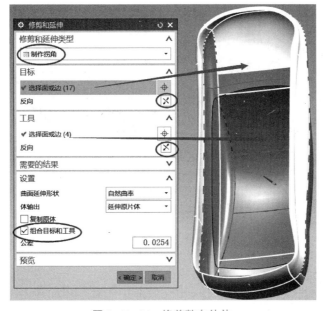

图 3-10-24　修剪整车片体

24. 整车片体加厚。选择"插入"→"偏置/缩放"→"加厚"命令，弹出"加厚"对话框，如图 3-10-25 所示，选择第 23 步修剪的片体，向内加厚 2 mm。整车最终效果如图 3-10-26 所示。

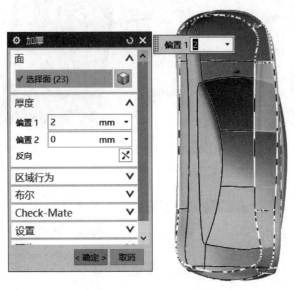

图 3-10-25　整车片体加厚

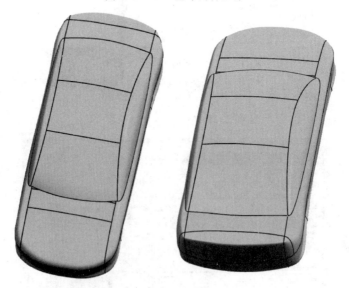

图 3-10-26　汽车车身模型

任务十一　规律曲线的建模

【任务导入】

根据图 3-11-1 所示标牌，建立该标牌的模型。

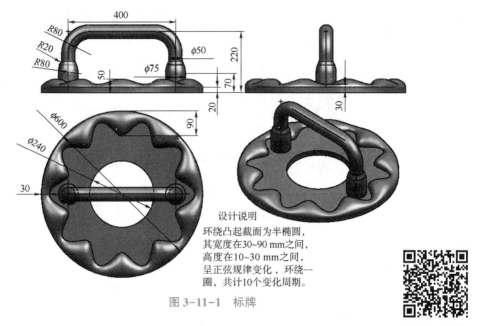

图 3-11-1 标牌

设计说明

环绕凸起截面为半椭圆，其宽度在30~90 mm之间，高度在10~30 mm之间，呈正弦规律变化，环绕一圈，共计10个变化周期。

视频：标牌

【任务分析】

该标牌的难点在于环绕凸起部分呈正弦变化，可应用表达式和规律曲线来实现。宽度在 30~90 mm 之间变化，高度在 10~30 mm 之间变化，可用扫掠命令完成。

【任务实施】

1. 新建标牌文件。选择"文件"→"新建"命令，弹出"新建"对话框。在"模型"选项卡的"模板"选项区域中选择"模型"命令，在"名称"文本框中输入"标牌"，在"文件夹"文本框中输入文件保存位置。单击"确定"按钮，进入建模环境。

2. 创建底座草图。选择"插入"→"草图"命令，在 X-Y 平面上绘制图 3-11-2 所示草图。

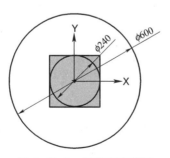

图 3-11-2 创建底座草图

3. 拉伸底座。选择"插入"→"设计特征"→"拉伸"命令，弹出"拉伸"对话框，如图 3-11-3 所示，截面选择第 2 步创建的草图，方向设置为向下，拉伸距离设置为 20 mm，拉伸底座。

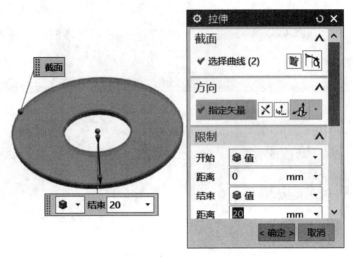

图 3-11-3 拉伸底座

4. 输入表达式。选择"工具"→"表达式"命令，弹出"表达式"对话框，输入图3-11-4所示的表达式，类型设置为恒定。

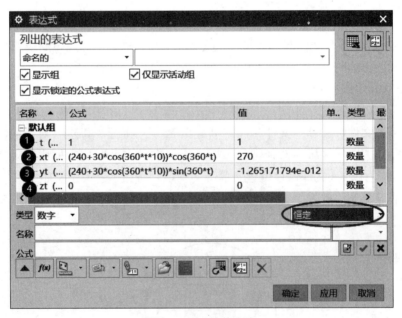

图 3-11-4 拉伸底座

5. 生成规律曲线。选择"插入"→"曲线"→"规律曲线"命令，弹出"规律曲线"对话框，如图3-11-5所示，生成规律曲线。

6. 绘制小椭圆截面。选择"插入"→"草图"命令，弹出"创建草图"对话框，草图类型设置为基于路径，选择 $\phi600$ mm 圆，弧长百分比设置为 0，绘制半个椭圆，短半径设置为 10 mm，如图3-11-6所示。

7. 绘制大椭圆截面。选择"插入"→"草图"命令，弹出"创建草图"对话框，草图

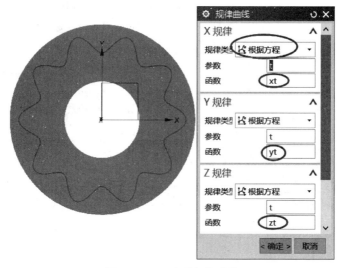

图 3-11-5　生成规律曲线

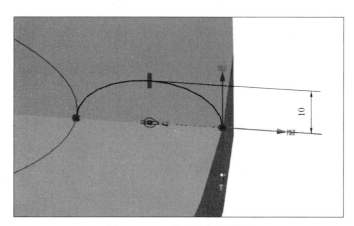

图 3-11-6　绘制小椭圆截面

类型设置为基于路径，选择 φ600 mm 圆，弧长百分比设置为 180/36，绘制半个椭圆，短半径设置为 30 mm，如图 3-11-7 所示。

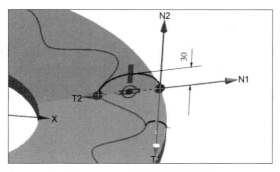

图 3-11-7　绘制大椭圆截面

8. 阵列大椭圆。选择"插入"→"关联复制"→"阵列几何特征"命令，弹出"阵列几何特征"对话框，如图3-11-8所示，要阵列的几何特征选择第7步绘制的大椭圆截面，布局设置为圆形，旋转轴选择-Z轴，数量设置为2，节距角设置为36°。

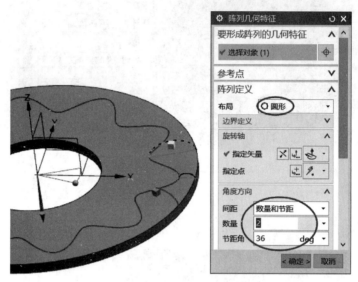

图3-11-8　阵列大椭圆

9. 扫掠凸起部分。选择"插入"→"扫掠"→"扫掠"命令，弹出"扫掠"对话框，如图3-11-9所示，选择3个截面和2条引导线，注意激活工具条"在相交处停止"按钮，扫掠36°范围凸起部分。

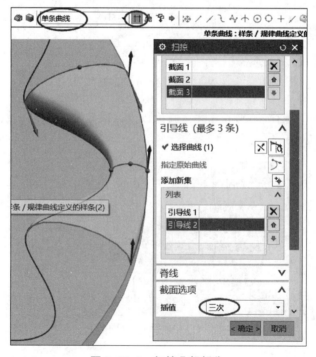

图3-11-9　扫掠凸起部分

10. 阵列凸起部分。选择"插入"→"关联复制"→"阵列几何特征"命令，弹出"阵列几何特征"对话框，如图 3-11-10 所示，要阵列的几何特征选第 9 步创建的凸起部分布局设置为圆形，旋转轴选择 Z 轴，数量设置为 10，跨角设置为 360°。

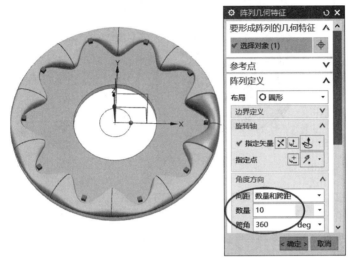

图 3-11-10　阵列凸起部分

11. 缝合凸起片体。选择"插入"→"组合"→"缝合"命令，弹出"缝合"对话框，如图 3-11-11 所示，目标选择其中 1 个凸起片体，工具选择其余 9 个片体，缝合凸起片体为一个整体。

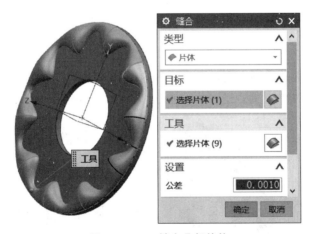

图 3-11-11　缝合凸起片体

12. 补片凸起片体。选择"插入"→"组合"→"补片"命令，弹出"补片"对话框，如图 3-11-12 所示，目标选择底座，工具选择第 11 步缝合的片体，使凸起片体与底座成为一个整体。

13. 绘制把手引导线。选择"插入"→"草图"命令，弹出"创建草图"对话框，草图类型设置为平面，选择 X-Z 平面，绘制把手引导线，如图 3-11-13 所示。

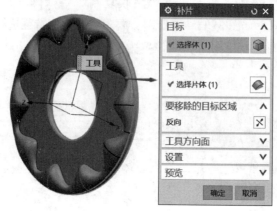

图 3-11-12　补片凸起片体

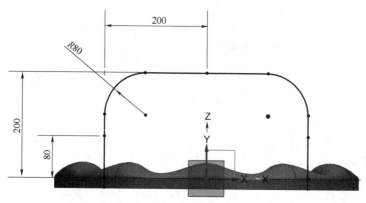

图 3-11-13　绘制把手引导线

14. 创建把手实体。选择"插入"→"扫掠"→"管道"命令，弹出"管道"对话框，如图 3-11-14 所示，路径选择左右两段长度为 80 mm 的直线，设置管道外径为 75 mm，内径为 0 mm，其余部分设置管道外径为 50 mm，内径为 0 mm，布尔为求和，创建把手实体。

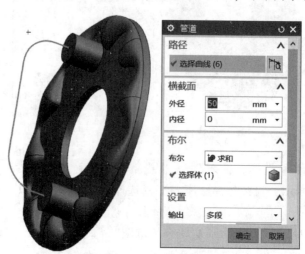

图 3-11-14　创建把手实体

15. 倒 $R20$ mm、$R80$ mm 圆角。选择"插入"→"细节特征"→"边倒圆"命令，先倒 $R20$ mm 圆角，再倒 $R80$ mm 圆角，得到模型最终结果如图 3-11-15 所示。

图 3-11-15　标牌模型

【上机练习】

1. 根据图 3-11-16 所示蛋托，建立该蛋托的模型。

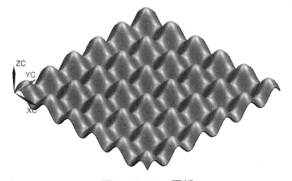

视频：蛋托

视频：灯罩

图 3-11-16　蛋托

蛋托模型表达式如图 3-11-17 所示。

2. 根据图 3-11-18 所示灯罩，建立该灯罩的模型。

名称 ▲	公式
t (规律曲线定…	0
xt (规律曲线…	400*t
yt (规律曲线…	0
zt (规律曲线…	15*sin(360*t*5.5)

图 3-11-17　蛋托模型表达式

图 3-11-18　灯罩

灯罩下沿曲线表达式如图 3-11-19 所示。

3. 根据图 3-11-20 所示果盘，建立该果盘的模型。

视频：果盘

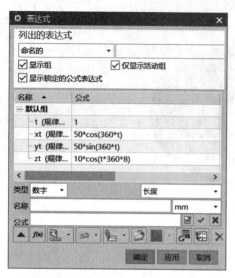

图 3-11-19　灯罩下沿曲线表达式

图 3-11-20　果盘

果盘由两条曲线，通过"通过曲线组"命令建模而成。果盘模型曲线表达式如图 3-11-21 所示。

图 3-11-21　果盘模型曲线表达式

任务名称：			姓名：		组号：			总分：	

评分项		评价指标	分值	学生自评	小组互评	教师评分
素养目标	遵章守纪	能够自觉遵守课堂纪律、爱护实训室环境	10			
	学习态度	能够分析并尝试解决出现的问题，体现精准细致、精益求精的工匠精神	10			
	团队协作	能够进行沟通合作，积极参与团队协作，具有团队意识	10			
知识目标	识图能力	能够正确分析零件图纸，设计合理的建模步骤	10			
	命令使用	能够合理选择、使用相关命令	10			
	建模步骤	能够明确建模步骤，具备清晰的建模思路	10			
	完成精度	能够准确表达模型尺寸，显示完整细节	10			
能力目标	创新意识	能够对设计方案进行修改优化，体现创新意识	10			
	自学能力	具备自主学习能力，课前有准备，课中能思考，课后会总结	10			
	严谨规范	能够严格遵守任务书要求，完成相应的任务	10			
备注：按照评价指标分为4档，优秀10分，良好8分，一般7分，合格6分						

模块四　装配建模

装配是对零部件进行组织和定位形成产品的过程，通过装配可以形成产品的总体结构、检查部件之间是否发生干涉、建立爆炸图及绘制装配工程图等。本模块主要介绍 UG NX 10.0 装配约束、自底向上装配建模、自顶向下装配建模、爆炸图、装配序列、产品渲染、运动仿真等内容，通过项目化教学模式，将知识点融入项目中。

素养目标

1. 培养工匠精神，强调精益求精、追求极致的工匠精神。
2. 通过本模块的学习，强化"立足本职，服从大局"的意识，养成"顾全大局，团结协作"的精神。

知识目标

1. 熟悉装配的概念和方法。
2. 掌握装配的规范和流程。
3. 掌握自底向上装配技术。
4. 掌握自顶向下装配技术。
5. 掌握渲染产品效果技术。

能力目标

1. 能够根据装配工程图，进行装配建模。
2. 能够正确使用 UG NX 10.0 标准件库。
3. 能够正确使用 UG NX 10.0 爆炸和装配系列。
4. 能够正确使用 UG NX 10.0 运动仿真。

任务一　球阀自底向上装配建模

【任务导入】

根据图 4-1-1 所示图纸，对已有配套模型建立装配模型，完成球阀自底向上装配建模，这是任务一的内容；对所缺零件，根据装配图，运用自顶向下装配技术进行设计，这是任务二的内容。

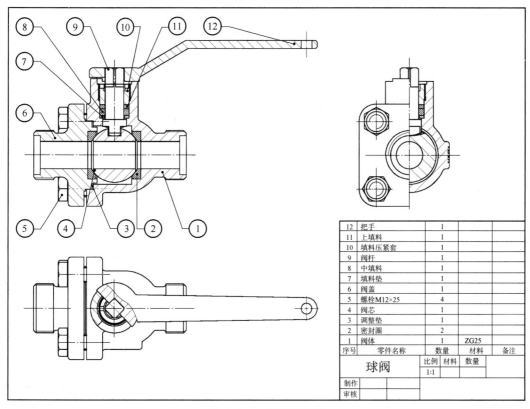

12	把手	1		
11	上填料	1		
10	填料压紧套	1		
9	阀杆	1		
8	中填料	1		
7	填料垫	1		
6	阀盖	1		
5	螺栓M12×25	4		
4	阀芯	1		
3	调整垫	1		
2	密封圈	2		
1	阀体	1	ZG25	
序号	零件名称	数量	材料	备注
球阀		比例	材料	数量
		1:1		
制作				
审核				

图 4-1-1　球阀装配图

【任务分析】

该球阀装配图由 12 种零件构成，其中提供了 7 个零件模型，分别是阀体、阀盖、密封圈、阀芯、阀杆、填料压紧套、把手。本任务需要完成 7 个已有零件的装配。

视频：自底向上
装配

【任务实施】

1. 新建球阀装配体文件。选择"文件"→"新建"命令，弹出"新建"对话框，如图 4-1-2 所示。在"模型"选项卡的"模板"选项区域中选择"模型"命令，在"名称"文本框中输入"球阀"，保存到已有零件的文件夹中，确保球阀装配体与其零件在同一个文件夹中。单击"确定"按钮，进入建模环境。注意 UG 的零件与装配体文件没有本质的区别，新建模型与新建装配只是进入的环境不同，可以在启动中切换。

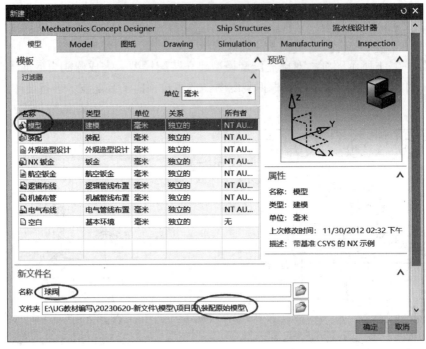

图 4-1-2　新建球阀装配体文件

2. 启动装配模块。当前模块是建模模块，如图 4-1-3 所示，单击"启动"下拉按钮，选择"装配"命令，启动装配模块。

3. 添加阀体。单击"添加组件"按钮 ，弹出"添加组件"对话框，如图 4-1-4 所示，定位设置为绝对原点，使阀体的坐标系与球阀装配体的坐标系重合。

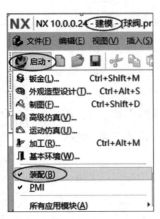

图 4-1-3　启动装配模块

图 4-1-4　添加阀体组件

4. 固定约束阀体。如图 4-1-5 所示，在"装配导航器"中右击"阀体"节点，在弹出的快捷菜单中选择"装配约束"命令，弹出"装配约束"对话框，约束类型设置为固定，要约束的几何体选取阀体，在"装配导航器"的"约束"节点下即增加了"固定（阀体）"节点。在装配建模过程中，第一个添加的组件一般都需要添加固定约束，以免后续添加组件设置装配约束时，移动第一个组件。

图 4-1-5　固定约束阀体组件

5. 装配右密封圈。单击"添加组件"按钮，弹出"添加组件"对话框，如图 4-1-6 所示，部件选取密封圈，定位设置为通过约束，单击"确定"按钮弹出"装配约束"对话框，如图 4-1-7 所示，约束类型设置为接触对齐，方位设置为接触，使密封圈底面与阀体孔底面接触，方位选取同轴，使密封圈外圆柱面与阀体孔内圆柱面同轴。

图 4-1-6　添加密封圈组件

图 4-1-7　设置密封圈装配约束

6. 一次添加 6 个组件。单击"添加组件"按钮，弹出"添加组件"对话框，如图 4-1-8 所示，部件选取除阀体之外的其他 6 个组件，勾选"分散"复选框，定位设置为选择原点，单击"确定"按钮，在图形窗口选取一点，使 6 个组件在图形窗口中分散放置，这种方法在成图大赛中经常使用，如图 4-1-9 所示。

图 4-1-8　一次添加 6 个组件

图 4-1-9　6 个组件分散放置

7. 阀芯替换引用集。在"装配导航器"或图形窗口中右击阀芯，如图 4-1-10 所示，在弹出的快捷菜单中选择"替换引用集"→"整个部件"命令，即可显示阀芯所有数据，包括阀芯的坐标系。

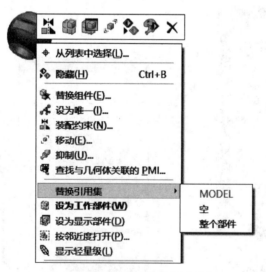

图 4-1-10　阀芯组件替换引用集

8. 设置阀芯装配约束。在"装配导航器"或图形窗口中右击阀体，在弹出的快捷菜单中选择"装配约束"命令，弹出"装配约束"对话框，如图 4-1-11 所示，约束类型设置为接触对齐，方位设置为对齐，使阀芯 X 轴、Z 轴分别与球阀装配体 X 轴、Z 轴对应对齐。

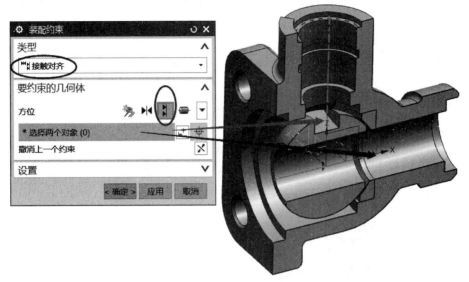

图 4-1-11　设置阀芯装配约束

9. 设置阀杆装配约束。在"装配导航器"或图形窗口中右击阀杆，在弹出的快捷菜单中选择"装配约束"命令，弹出"装配约束"对话框，约束类型设置为接触对齐，方位设置为接触，使阀杆圆弧面与阀芯圆弧凹槽面接触，方位再设置为同轴，使阀杆圆柱面与阀体竖直孔同轴。如图 4-1-12 所示，最后约束类型设置为中心，子类型设置为 2 对 2，使阀芯凹槽两个面与阀杆凸台两个面 2 对 2 中心对齐。

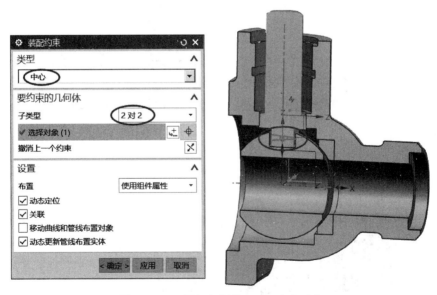

图 4-1-12　阀杆与阀芯 2 对 2 中心对齐

10. 设置填料压紧套装配约束。在"装配导航器"或图形窗口中右击填料压紧套，在弹出的快捷菜单中选择"装配约束"命令，弹出"装配约束"对话框，约束类型设置为接触对齐，方位设置为对齐，使填料压紧套上端面与阀体螺纹面对齐，方位再设置为同轴，使填料压紧套圆柱面与阀体竖直孔同轴。如图 4-1-13 所示，最后约束类型设置为平行，使填料压紧套凹槽侧面与装配体 X–Z 平面平行。

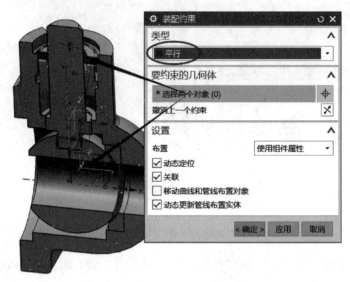

图 4-1-13　设置平行约束

11. 设置把手装配约束。在"装配导航器"或图形窗口中右击把手，在弹出的快捷菜单中选择"装配约束"命令，弹出"装配约束"对话框，如图 4-1-14 所示，约束类型设置为接触对齐，方位设置为接触，使把手下端面与阀体上端面接触，把手限位面与阀体限位面接触，方位再设置为同轴，使把手圆柱面与阀体竖直外圆柱面同轴。

图 4-1-14　设置把手装配约束

12. 设置密封圈与阀盖装配约束。在"装配导航器"或图形窗口中右击密封圈，在弹出的快捷菜单中选择"装配约束"命令，弹出"装配约束"对话框，如图 4-1-15 所示，约束类型设置为接触对齐，方位设置为接触，使密封圈底面与阀盖孔底面接触，方位再设置为同轴，使密封圈圆柱面与阀盖孔圆柱面同轴。

图 4-1-15　设置密封圈与阀盖装配约束

13. 设置阀盖装配约束。在"装配导航器"或图形窗口中右击阀盖，在弹出的快捷菜单中选择"装配约束"命令，弹出"装配约束"对话框，约束类型设置为接触对齐，方位设置为同轴，使阀盖法兰面对角孔与阀体法兰面对角孔对应同轴。如图 4-1-16 所示，约束类型再设置为距离，使阀盖圆柱端面与阀体孔底面距离为 1 mm。至此，球阀自底向上装配建模完成，如图 4-1-17 所示。

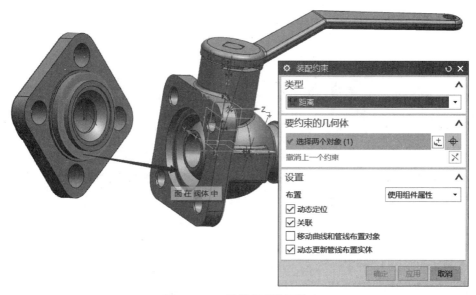

图 4-1-16　设置阀盖装配约束

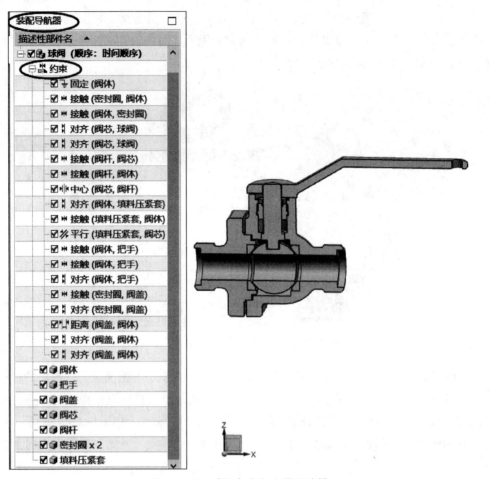

图 4-1-17　球阀自底向上装配建模

任务二　球阀自顶向下装配建模

【任务导入】

如图 4-2-1 所示，在完成任务一的基础上，根据装配图明细栏，调用和设计所缺零件。其中设计零件采用自顶向下装配技术。

【任务分析】

该球阀装配图由 12 种零件组成，其中 7 种零件在任务一中完成自底向上装配建模，本任务根据装配明细栏，完成螺栓标准件的调用，并在装配环境下运用自顶向下装配技术完成调整垫、填料垫、中填料、上填料 4 种零件的设计。

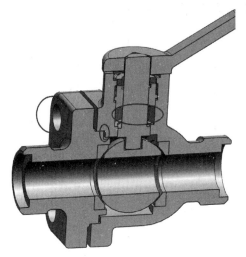

12	把手	1		
11	上填料	1		
10	填料压紧套	1		
9	阀杆	1		
8	中填料	1		
7	填料垫	1		
6	阀盖	1		
5	螺栓M12×25	4		
4	阀芯	1		
3	调整垫	1		
2	密封圈	2		
1	阀体	1	ZG25	
序号	零件名称	数量	材料	备注

球阀		比例	材料	数量
		1:1		
制作				
审核				

图 4-2-1　球阀自顶向下装配建模

【任务实施】

1. 打开球阀装配体文件。选择"文件"→"打开"命令，弹出"打开"对话框。打开本模块起始文件夹中的"球阀"文件。单击 OK 按钮，进入建模环境。

2. 启动装配模块。如图 4-2-2 所示，当前模块是建模模块，单击"启动"下拉按钮，在弹出的下拉菜单中选择"装配"命令，启动装配模块。

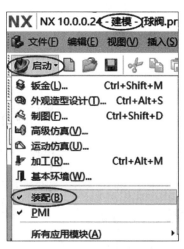

图 4-2-2　启动装配模块

3. 添加螺栓标准件。如图 4-2-3 所示，单击资源条上的"重用库"按钮，选择"重用库"→GB Standard Parts →Bolt→Hex Head 命令，在"成员选择"选项区域中选择 Bolt，GB-T 5780 并拖动至图形窗口，弹出"添加可重用组件"对话框，设置主参数 Size 为 M12，Length 为 25，单击"确定"按钮，螺栓标准件即出现在图形窗口，然后再对其进行接触、同轴装配约束。

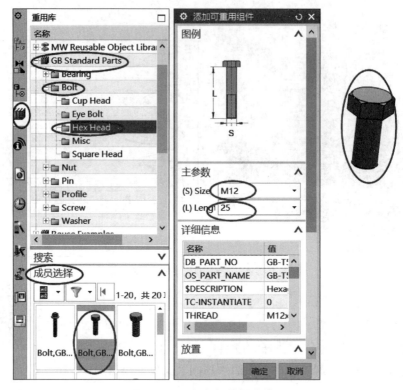

图 4-2-3　添加螺栓标准件

4. 阵列螺栓。单击"阵列组件"按钮  ，弹出"阵列组件"对话框，如图 4-2-4 所示，要形成阵列的组件选取螺栓，布局设置为参考，单击"确定"按钮完成阵列螺栓。

图 4-2-4　阵列螺栓

5. 新建调整垫组件。如图 4-2-5 所示，在"装配导航器"中双击"球阀"根节点，使其成为工作节点，单击"新建组件"按钮 ，弹出"新组件文件"对话框，选择球阀装配体所在的文件夹，在"名称"文本框中输入"调整垫"，单击"确定"按钮，弹出"新建组件"对话框，选择对象什么都不选，单击"确定"按钮，此时在"球阀"根节点下就添加了"调整垫"节点，目前该节点为空文件。

图 4-2-5　新建调整垫组件

6. 设计调整垫。在"装配导航器"中双击"调整垫"节点，使其成为工作节点，选择"插入"→"设计特征"→"拉伸"命令，弹出"拉伸"对话框，如图 4-2-6 所示，设置为整个装配，拉伸截面选择阀盖两条边线，方向设置为向右，拉伸距离设置为 1 mm。在"装配导航器"选项中右击"调整垫"节点，在弹出的快捷菜单中选择"替换引用集"→MODEL 命令，否则双击"球阀"根节点时，调整垫设计结果不可见。

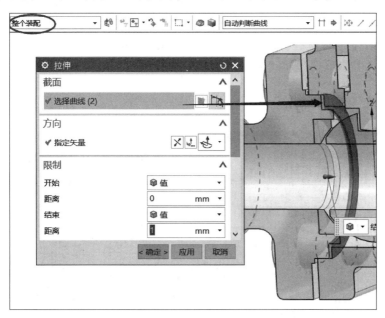

图 4-2-6　设计调整垫

7. 新建填料垫组件。在"装配导航器"中双击"球阀"根节点，使其成为工作节点，单击"新建组件"按钮，弹出"新组件文件"对话框，文件存放位置选择球阀装配体所在的文件夹，在"名称"文本框中输入"填料垫"，单击"确定"按钮，弹出"新建组件"对话框，如图 4-2-7 所示，选择对象处什么都不选，单击"确定"按钮，此时在"球阀"根节点下就添加了"填料垫"节点，目前该节点为空文件。

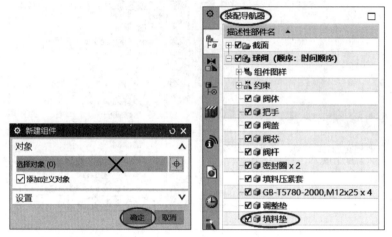

图 4-2-7 新建组件填料垫

8. 设计填料垫。在"装配导航器"中双击"填料垫"节点，使其成为工作节点，选择"插入"→"设计特征"→"拉伸"命令，弹出"拉伸"对话框，如图 4-2-8 所示，设置为整个装配，拉伸截面选择阀体孔底边，方向设置为向上，拉伸距离设置为 2 mm。单击"WAVE 几何链接器"按钮，弹出"WAVE 几何链接器"对话框，如图 4-2-9 所示，类型设置为体，选择阀杆。选择"插入"→"组合"→"减去"命令，弹出"求差"对话框，如图 4-2-10 所示，目标选择拉伸体，工具选择连接过来的阀杆，从而形成中间孔。在"装配导航器"中右击"填料垫"节点，在弹出的快捷菜单中选择"替换引用集"→MODEL命令。

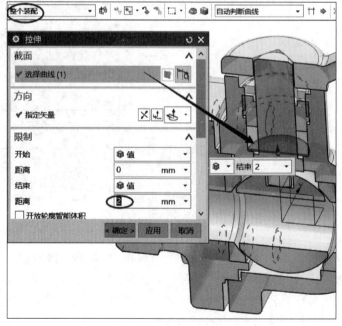

图 4-2-8 填料垫拉伸特征

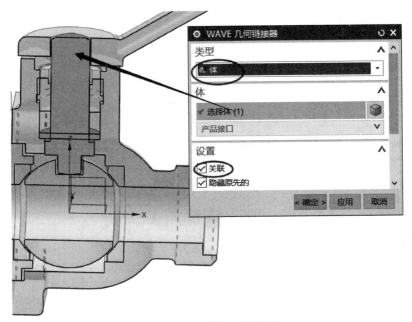

图 4-2-9　填料垫连接阀杆

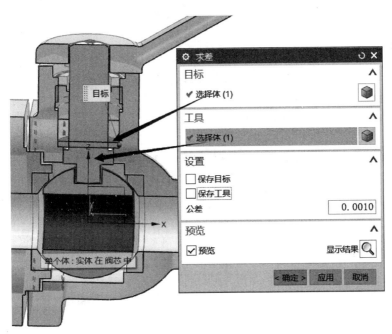

图 4-2-10　填料垫布尔求差

9. 新建并设计中填料、上填料。参考第 5、第 6 步，在球阀装配体中新建并设计中填料、上填料，如图 4-2-11 所示。

10. 保存设计的零件。选择"文件"→"全部保存"命令，4 个运用自顶向下设计装配技术的零件都保存在文件夹中，唯有标准件例外，如图 4-2-12 所示。对标准件单独保存。

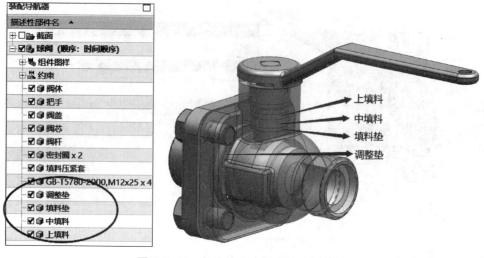

图 4-2-11 新建并设计中填料、上填料

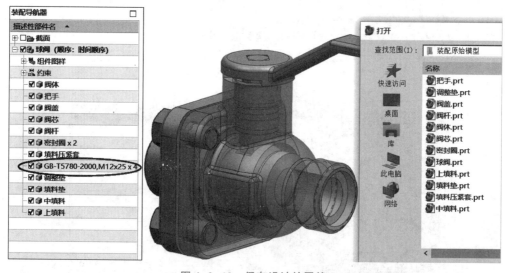

图 4-2-12 保存设计的零件

11. 保存标准件。在"装配导航器"中右击标准件节点，设置为设为显示部件，选择"文件"→"另存为"命令，弹出"另存为"对话框，如图 4-2-13 所示，文件存储位置为球阀装配体所在文件夹，在"文件名"文本框中输入"螺栓 M12×25"。单击 OK 按钮，弹出"另存为"对话框，如图 4-2-14 所示，此对话框是对球阀装配体文件在"另存为"操作中重命名。单击"取消"按钮，弹出"另存为"对话框，如图 4-2-15 所示，单击 Yes 按钮，弹出"另保存为报告"对话框，如图 4-2-16 所示，单击"确定"按钮，完成标准件的保存，此时在"装配导航器"中即显示"螺栓 M12×25"节点（见图 4-2-17）。如图 4-2-18 所示，在"装配导航器"中右击"螺栓 M12×25×4"节点，设置在"装配导航器"中显示球阀及其子组件，如图 4-2-19 所示，在球阀装配体文件夹显示存在"螺栓 M12×25"文件，印证了保存标准件成功。

图 4-2-13　标准件"另存为"对话框

图 4-2-14　装配体"另存为"对话框

图 4-2-15　"另存为"警示

图 4-2-16　"另保存为报告"对话框

图 4-2-17 标准件保存成功   图 4-2-18 "球阀"根节点下正确显示标准件节点

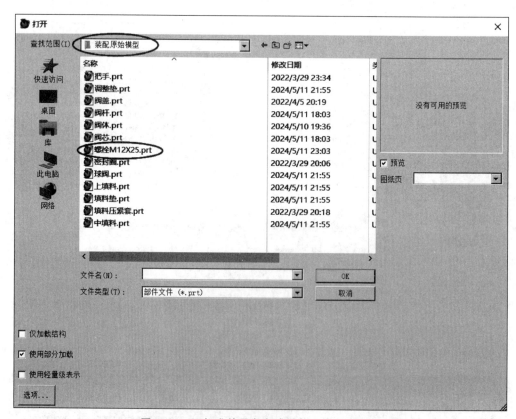

图 4-2-19 标准件另存在球阀装配体文件夹中

【任务导入】

在完成任务二的基础上，对球阀装配体生成爆炸图，如图 4-3-1 所示。

图 4-3-1 球阀装配体爆炸图

视频：装配爆炸图

【任务分析】

爆炸图可以更清晰地了解装配体零部件之间的相互关系。该球阀装配体由 12 种零件组成，本任务根据装配体中各零件的位置和相互关系，按水平和竖直两条主线，对装配体进行爆炸表达。

【任务实施】

1. 打开球阀装配体文件。选择"文件"→"打开"命令，弹出"打开"对话框。打开任务三起始文件夹中的"球阀"文件。单击 OK 按钮，进入建模环境。

2. 启动装配模块。当前模块是建模模块，单击"启动"下拉按钮，选择"装配"命令，启动装配模块。

3. 启动爆炸图。单击"爆炸图"按钮 ，弹出"爆炸图"工具条，如图 4-3-2 所示，接下来爆炸图的操作都在该工具条里完成。单击"新建爆炸图"按钮 ，弹出"新建爆炸图"对话框，如图 4-3-3 所示。名称可自己输入或接受系统默认名称，单击"确定"按钮，激活"爆炸图"工具条上的全部按钮。

图 4-3-2 "爆炸图"工具条

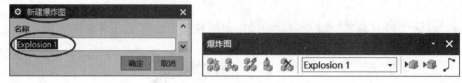

图 4-3-3 新建爆炸图

4. 左移 4 个螺栓。单击"编辑爆炸图"按钮🦵，弹出"编辑爆炸图"对话框，如图 4-3-4 所示，选中"选择对象"单选按钮，然后选择 4 个螺栓，按 MB2，如图 4-3-5 所示，"编辑爆炸图"对话框由"选择对象"状态自动切换到"移动对象"状态，单击 X 轴箭头确定移动方向，距离设置为-200 mm，单击"应用"按钮，4 个螺栓向左移动 200 mm，如图 4-3-6 所示。

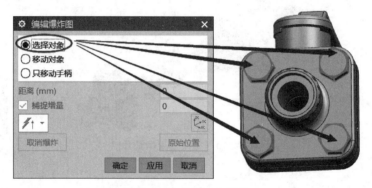

图 4-3-4 选择 4 个螺栓

图 4-3-5 定义移动方向和距离

图 4-3-6 4 个螺栓左移 200 mm

5. 完成水平方向爆炸。参考第 4 步，单击"编辑爆炸图"按钮 🐝，弹出"编辑爆炸图"对话框，选取阀盖，左移 100 mm；选取调整垫，左移 70 mm；选取左密封圈，左移 40 mm；选取阀体，右移 150 mm；选取右密封圈，右移 40 mm；阀芯位置不动，完成水平方向爆炸，如图 4-3-7 所示。注意选取对象时，按 Shift 键可以减选。

图 4-3-7　水平方向爆炸图

6. 完成竖直方向爆炸。参考第 4 步，单击"编辑爆炸图"按钮 🐝，弹出"编辑爆炸图"对话框，选取阀芯上部 6 个零件，上移 30 mm；减选阀杆，上移 60 mm；减选填料垫，上移 30 mm；减选中填料，上移 30 mm；减选上填料，上移 30 mm；减选填料压紧套，上移 30 mm，阀芯位置不动，完成竖直方向爆炸，如图 4-3-8 所示。

图 4-3-8　水平、竖直方向爆炸图

7. 绘制追踪线。单击"追踪线"按钮 ♪，弹出"追踪线"对话框，如图 4-3-9 所示，选取起始点为阀盖凸台外圆圆心，终止点为阀体凸台外圆圆心，拖动拐弯箭头使其与水平追踪线重合，完成水平追踪线绘制，用同样方法绘制竖直追踪线。最终爆炸图如图 4-3-10 所示。

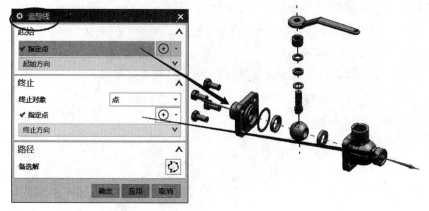

图 4-3-9　绘制追踪线

图 4-3-10　最终爆炸图

【任务导入】

UG NX 10.0 可控制零部件的装配或拆卸顺序，并仿真零部件的运动，为用户提供了方便查看装配或拆卸过程的工具，即装配动画。创建装配动画，可以形象地表达各个零部件之间的装配关系和整个产品的装配顺序。本任务在完成球阀装配的基础上，对该装配体生成装配序列，如图 4-4-1 所示。装配序列是"机械数字化设计与制造"职业技能等级证书 1+X 中级考核的内容。

图 4-4-1　球阀装配序列

视频：装配序列

【任务分析】

装配与拆卸是一组相反的过程，都能反映零部件间的装配位置关系。本任务为了便于操作，以拆卸过程来讲述装配序列，零件被拆卸后不会再显示出来，单击"插入运动"按钮 ，可以控制零件的显示。

【任务实施】

1. 打开球阀装配体文件。选择"文件"→"打开"命令，弹出"打开"对话框。打开模块三起始文件夹中的"球阀"文件。单击 OK 按钮，进入建模环境。

2. 启动装配模块。当前模块是建模模块，单击"启动"下拉按钮，选择"装配"命令，启动装配模块。启动装配序列之前，一般先在"装配导航器"中抑制所有的装配约束，如图 4-4-2 所示。

图 4-4-2　抑制所有的装配约束

3. 新建装配序列。单击"装配序列"按钮，进入装配序列界面，如图 4-4-3 所示，导航栏中增加了"序列导航器"，单击"新建序列"按钮。如果在第 2 步没有抑制装配约束，可以在装配序列界面中关闭装配约束，如图 4-4-4 所示。接下来装配序列的操作都在该界面完成。

图 4-4-3　新建装配序列

图 4-4-4　在装配序列界面中关闭装配约束

4. 记录摄像位置。单击"记录摄像位置"按钮，图形窗口中的模型即转动一个角度，记录一次摄像位置，重复多次；缩放一次，记录一次摄像位置，重复多次，如图 4-4-5 所示。

图 4-4-5　多次记录摄像位置

5. 录制拆卸螺栓向左运动。单击"插入运动"按钮🔊，弹出"录制组件运动"工具条，如图4-4-6所示。选取右上角螺栓，单击"移动组件"按钮🔊，先逆时针转90°，再向左移动200 mm，然后右击选取其他3个螺栓，向左移动200 mm，完成4个螺栓的拆卸运动，如图4-4-7所示。

图4-4-6 "录制组件运动"工具条

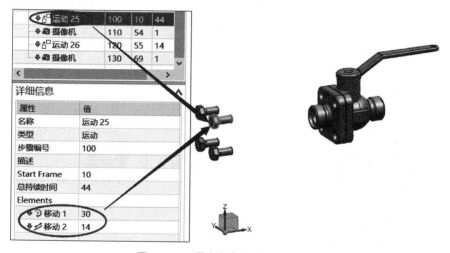

图4-4-7 录制拆卸螺栓向左运动

6. 录制拆卸阀盖、调整垫、左密封圈向左运动。选取阀盖，单击"移动组件"按钮🔊，向左移动100 mm，按MB2，选取调整垫，向左移动70 mm，按MB2，选取左密封圈，向左移动40 mm，完成3个零件的拆卸向左运动，如图4-4-8所示。

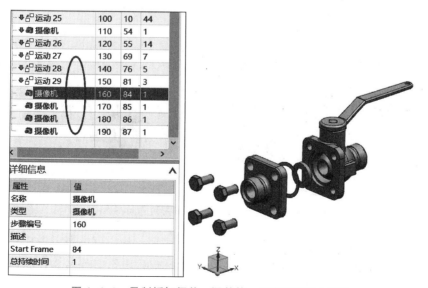

图4-4-8 录制拆卸阀盖、调整垫、左密封圈向左运动

7. 录制拆卸把手等 6 个零件向上运动。选取把手，单击"移动组件"按钮 ⬚，向上移动 220 mm，按 MB2，选取填料压紧套，逆时针旋转 90°，再向上移动 190 mm，按 MB2，完成把手、填料压紧套的拆卸向上运动。若有视角的变化，可随时单击"记录摄像位置"按钮 ⬚，记录一次摄像位置。选取阀杆、上填料、中填料、填料垫 4 个零件，向上移动 60 mm，按 MB2，选取上填料、中填料、填料垫 3 个零件，向上移动 50 mm，按 MB2，选取上填料、中填料 2 个零件，一起向上移动 30 mm，按 MB2，最后选取中填料，向上移动 30 mm，完成 6 个零件的拆卸向上运动，如图 4-4-9 所示。

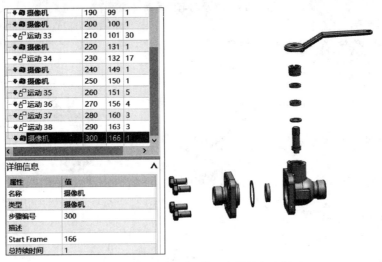

图 4-4-9　录制拆卸把手等 6 个零件向上运动

8. 录制拆卸阀体、右密封圈向右运动。选取阀体零件，单击"移动组件"按钮 ⬚，向右移动 150 mm，按 MB2，选取右密封圈，向右移动 40 mm，如图 4-4-10 所示。

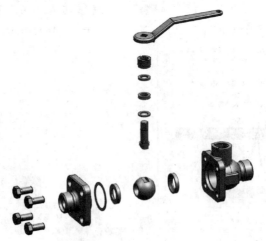

图 4-4-10　录制拆卸阀体、右密封圈向右运动

9. 导出电影。单击"倒回到开始"按钮 ⏮，回到第 1 帧，再单击"导出至电影"按钮 ⬚，弹出"录制电影"对话框，如图 4-4-11 所示，输入电影文件名，完成拆卸过程动画转化成电影。

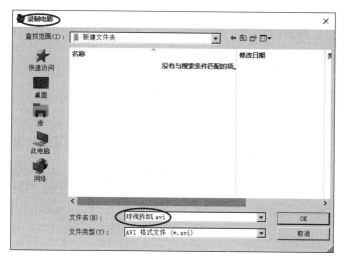

图 4-4-11　导出电影

任务五　产品渲染

视频：产品渲染

【任务导入】

UG NX 10.0 的渲染功能主要包括图片渲染、材料/纹理设置、灯光效果、视觉效果、可视化参数设置及图像的输出。本任务对球阀装配体各零件进行渲染，生成渲染效果图，如图 4-5-1 所示。产品渲染是"机械数字化设计与制造"职业技能等级证书 1+X 中级考核的内容。

图 4-5-1　球阀装配体渲染效果图

【任务分析】

UG NX 10.0 的渲染是指对所建的数字模型进行视觉效果的处理，如对灯光、材料、纹理、颜色、环境等参数进行设置。通过渲染器对模型进行处理，可生成逼真的效果图，通过效果图可以形象、准确、客观地表达出设计意图，强化可视性。本任务根据球阀装配体每个零件上的不同材质设置背景图案，为某个面贴花，生成球阀装配体渲染效果图。

【任务实施】

1. 打开球阀装配体文件。选择"文件"→"打开"命令，弹出"打开"对话框。打开本模块任务五文件夹中的"球阀"文件。单击 OK 按钮，进入建模环境。

2. 启动装配模块。当前模块是建模模块，单击"启动"下拉按钮，选择"装配"命令，启动装配模块。

3. 启动爆炸图。单击"爆炸图"按钮

，弹出"爆炸图"工具条，如图 4-5-2 所示，设置为 Explosion 1。选择爆炸图渲染，可以设置每个零件的渲染效果。

图 4-5-2　"爆炸图"工具条

4. 启动可视化形状。右击工具条，弹出快捷菜单，选择"可视化形状"命令，弹出"可视化形状"工具条，如图 4-5-3 所示。单击"材料/纹理"按钮，资源条中就增加了"系统材料"导航条，如图 4-5-4 所示。选择"塑料"材料，该材料颜色种类多，可以让装配体各零件颜色更丰富。

图 4-5-4　"系统材料"导航条

图 4-5-3　"可视化形状"工具条

5. 为零件赋予材料。选择"系统材料"导航条中的"塑料"材料，拖动不同颜色至不同零件，为每种零件赋予不同材料，如图 4-5-5 所示。

图 4-5-5　为每种零件赋予不同材料

6. 表面贴花。单击"贴花"按钮，弹出"贴花"对话框，如图 4-5-6 所示，选择图片文件，指定要贴花的对象为阀体外圆柱面，按图 4-5-6 进行设置，对阀体外圆柱面贴花。

图 4-5-6　表面贴花

7. 设置背景。单击"视觉效果"按钮，弹出"视觉效果"对话框，如图 4-5-7 所示，背景类型设置为用户指定图像，单击"图像"按钮，弹出"背景图像"对话框，如图 4-5-8 所示，选取图像文件。

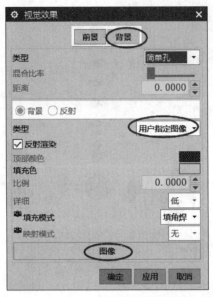

图 4-5-7 "视觉效果"对话框

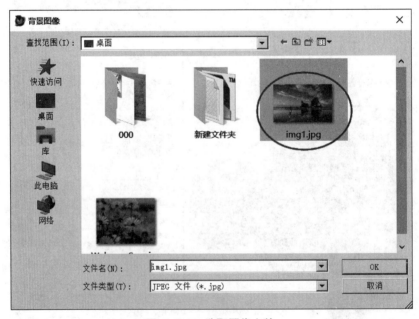

图 4-5-8 选取图像文件

8. 导出图像。单击"高质量图像"按钮，弹出"高质量图像"对话框，如图 4-5-9 所示，单击"开始着色"按钮，对球阀装配体进行渲染，再单击"保存"按钮，弹出"保存图像"对话框，如图 4-5-10 所示，将渲染效果图保存成图像文件。最终球阀装配体渲染效果图如图 4-5-11 所示。

图 4-5-9　高质量图像对话框

图 4-5-10　保存渲染图像

图 4-5-11　球阀装配体渲染效果图

任务六　运动仿真

视频：运动仿真

【任务导入】

运动仿真是 UG NX 10.0CAE 模块的主要部分，它能对任何二维或三维机构进行复杂的运动学分析、动力分析和设计仿真。图 4-6-1 所示为发动机的抽象数字模型，本任务利用该模型模拟发动机运动仿真。

图 4-6-1　发动机的抽象数字模型

【任务分析】

UG NX 10.0 的运动仿真功能可以为三维实体模型的各个零部件赋予一定的运动学特性，在各个零部件之间设立一定的连接关系，建立一个运动仿真模型。该运动仿真功能可以对运动机构进行装配分析工作、运动合理性分析工作，如干涉检查、轨迹包络等，得到大量运动机构的运动参数。通过对三维实体模型进行运动学或动力学分析可以验证该运动机构设计的合理性，并且可以利用图形输出各个零部件的位移、坐标、加速度、速度和力的变化情况，并以此对运动机构进行优化。随着汽车工业的蓬勃发展，发动机的运动过程耳熟能详，本任务通过研究分析发动机的运动过程，学习 UG NX 10.0 的运动仿真。

【任务实施】

1. 打开运动仿真文件。执行"文件"→"打开"命令，弹出"打开"对话框。打开模块四任务六文件夹中的 piston3 文件。单击 OK 按钮，进入基本环境。

2. 启动运动仿真模块。单击"启动"下拉按钮，选择"运动仿真"命令，启动运动仿真模块，资源条中增加了"运动导航器"，如图 4-6-2 所示。右击"运动导航器"中的 piston3 组件，在弹出的快捷菜单中选择"新建仿真"命令，弹出"环境"对话框，如图 4-6-3 所示，选中"运动学"单选按钮，单击"确定"按钮，进入运动仿真模块，运动仿真环境中的按钮全部被激活。

图 4-6-2　资源条中增加了"运动导航器"

图 4-6-3　"环境"对话框

3. 设置连杆。单击"连杆"按钮，弹出"连杆"对话框，如图 4-6-4 所示，选择曲轴为 L001，连杆为 L002，活塞和活塞销作为一整体为 L003，设置 3 个连杆构件，如图 4-6-5 所示。

4. 曲轴旋转副。单击"运动副"按钮，弹出"联接"对话框，如图 4-6-6 所示，类型设置为旋转副，选择连杆为 L001，指定原点为曲轴左端面圆心，矢量选择 Y 轴。单击"驱动"标签，如图 4-6-7 所示，设置初速度为 10(°)/s，形成曲轴旋转副 J001，如图 4-6-8 所示。

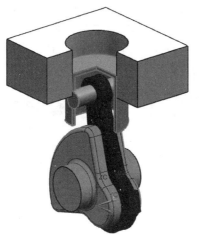

图 4-6-4　设置连杆

图 4-6-5　设置 3 个连杆构件

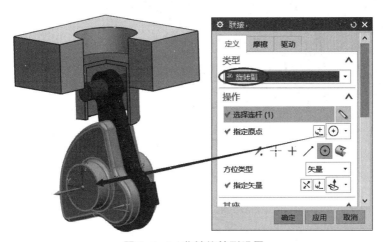

图 4-6-6　曲轴旋转副设置

图 4-6-7　曲轴旋转驱动设置

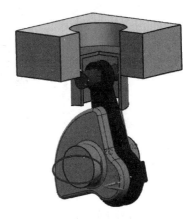

图 4-6-8　曲轴旋转副 J001

5. 曲轴啮合连杆旋转副。单击"运动副"按钮▓，弹出"联接"对话框，如图4-6-9所示，类型设置为旋转副，选择连杆为L001，指定原点为曲轴颈圆圆心，矢量选择 Y 轴，勾选"啮合连杆"复选框，选择连杆为L002，指定原点为同一曲轴颈圆圆心，矢量选择 Y 轴，形成曲轴啮合连杆旋转副J002，如图4-6-10所示。

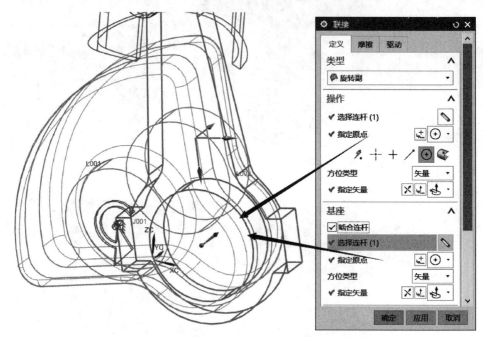

图 4-6-9　曲轴啮合连杆旋转副设置

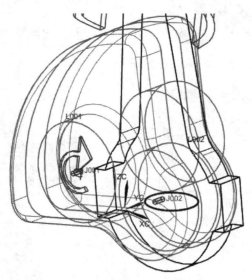

图 4-6-10　曲轴啮合连杆旋转副 J002

6. 连杆啮合活塞旋转副。单击"运动副"按钮▓，弹出"联接"对话框，如图4-6-11所示，类型设置为旋转副，选择连杆为 L002，指定原点为连杆上端内孔圆心，矢量选择 Y

轴，勾选"啮合连杆"复选框，选择连杆为 L003，指定原点为同一连杆上端内孔圆心，矢量选择 Y 轴，形成连杆啮合活塞旋转副 J003，如图 4-6-12 所示。

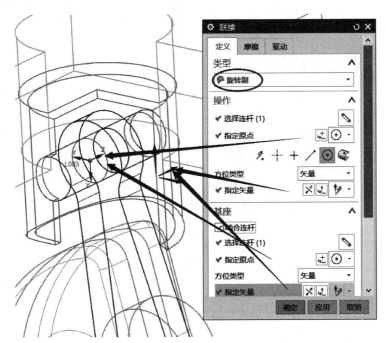

图 4-6-11　连杆啮合活塞旋转副设置

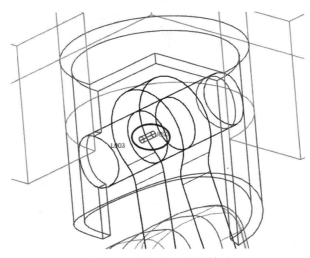

图 4-6-12　连杆啮合活塞旋转副 J003

7. 活塞滑动副。单击"运动副"按钮，弹出"联接"对话框，如图 4-6-13 所示，类型设置为滑动副，选择连杆时选取活塞上端面外圆，形成活塞滑动副 J004，如图 4-6-14 所示。发动机的运动仿真设置基本完成，如图 4-6-15 所示。

8. 解算方案设置。单击"解算方案"按钮，弹出"解算方案"对话框，如图 4-6-16 所示，时间设置为 100 s，步数设置为 360。

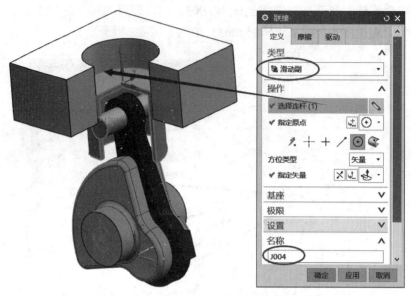

图 4-6-13 活塞滑动副设置

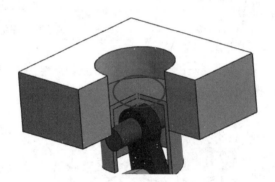

图 4-6-14 活塞滑动副 J004

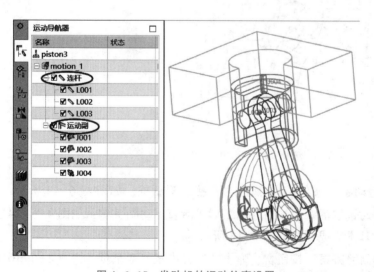

图 4-6-15 发动机的运动仿真设置

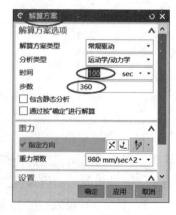

图 4-6-16 解算方案设置

9. 运动方案求解。单击"求解"按钮 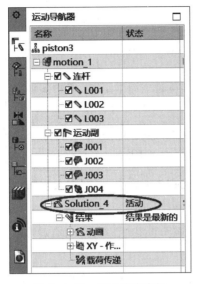，系统自行在后台计算，结果显示在运动导航器中，如图4-6-17所示。

图 4-6-17　运动方案求解

10. 发动机运动仿真动画演示。单击"动画"按钮 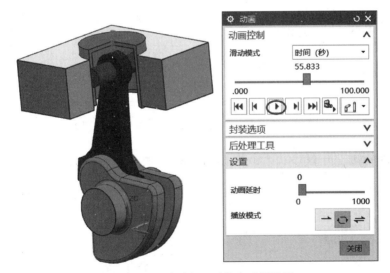，弹出"动画"对话框，如图4-6-18所示，单击"播放"按钮，发动机运动仿真动画开始播放。

图 4-6-18　发动机运动仿真动画演示

任务名称：			姓名：	组号：		总分：	
评分项		评价指标	分值	学生自评	小组互评	教师评分	
素养目标	遵章守纪	能够自觉遵守课堂纪律、爱护实训室环境	10				
	学习态度	能够分析并尝试解决出现的问题，体现精准细致、精益求精的工匠精神	10				
	团队协作	能够进行沟通合作，积极参与团队协作，具有团队意识	10				
知识目标	识图能力	能够正确分析零件图纸，设计合理的建模步骤	10				
	命令使用	能够合理选择、使用相关命令	10				
	建模步骤	能够明确建模步骤，具备清晰的建模思路	10				
	完成精度	能够准确表达模型尺寸，显示完整细节	10				
能力目标	创新意识	能够对设计方案进行修改优化，体现创新意识	10				
	自学能力	具备自主学习能力，课前有准备，课中能思考，课后会总结	10				
	严谨规范	能够严格遵守任务书要求，完成相应的任务	10				
备注：按照评价指标分为4档，优秀10分，良好8分，一般7分，合格6分							

模块五 工程图创建

工程图是技术人员在产品研发、设计和制造过程中进行交流和沟通的工具。尽管三维建模设计有了很大的发展，但并不能将所有的设计信息完全表达清楚，有些信息仍需要借助二维工程图来表达。因此，工程图的创建是产品设计的重要环节之一。

UG NX 10.0 的工程图模块可以通过建好的三维模型生成各种视图，创建的工程图和三维模型是相互关联的，用户修改三维模型的参数后，工程图视图中相关参数也会随之自动更新，从而保证了二维视图与三维模型的一致性。

本模块主要通过几个典型案例，介绍工程图的创建方法和步骤。

素养目标

1. 培养认真细致、实事求是、一丝不苟的工作作风。
2. 培养精益求精的工匠精神，培养掌握先进制造技术、具有国际视野的创新型人才。
3. 通过学习相关标准，强化"不以规矩，不成方圆"的观念，树立诚实守信、遵纪守法的观念。

知识目标

1. 熟练掌握常用视图的创建方法和操作步骤。
2. 掌握视图的编辑方法。
3. 熟练掌握尺寸标注的方法。
4. 熟练掌握文本标注、表面粗糙度标注、几何公差标注、基准符号标注、技术要求标注的方法。
5. 掌握标题栏、明细栏的制作方法。
6. 掌握导入属性、定义文件属性的操作方法。

能力目标

1. 能够综合运用各种视图的创建方法生成工程图。
2. 能够正确标注工程图。
3. 能够正确设置工作界面。

任务一　传动轴工程图

【任务导入】

根据图 5-1-1 所示传动轴零件，创建该零件的工程图，如图 5-1-2 所示。

图 5-1-1　传动轴

视频：传动轴
工程图

【任务分析】

该传动轴零件为阶梯轴，属于轴类零件。轴上有键槽、沟槽、倒角、圆角等结构，轴端有螺纹孔、盲孔等结构。工程图以传动轴水平位置视图为主视图，辅助以局部剖视图、向视图、移出断面图、局部放大图等视图表达传动轴的结构细节。

【任务实施】

1. 创建传动轴的实体模型，如图 5-1-1 所示。

2. 创建工程图纸页。

（1）进入制图模块的方法有两种。

① 选择"文件"→"打开"命令，弹出"打开"对话框。找到保存传动轴零件的文件夹，打开传动轴零件。如图 5-1-3 所示，单击"启动"下拉按钮，选择"制图"命令，进入制图模块。

② 选择"文件"→"新建"命令，弹出"新建"对话框，如图 5-1-4 所示。在"图纸"选项卡"过滤器"选项区域中"关系"下拉列表中选择"全部"命令；在下方列表中选择"空白"命令；在"名称"文本框中输入"传动轴_dwg1. prt"，设置保存文件的路径；在"要创建图纸的部件"选项区域中打开传动轴所在文件夹，选择传动轴零件；单击"确定"按钮，进入制图模块。

在后续案例中，采用方法①进入制图模块，不再另行说明。

（2）设置图纸页。如图 5-1-5 所示，选择"插入"→"图纸页"命令，弹出"图纸页"对话框。在"大小"选项区域选中"标准尺寸"单选按钮，设置图幅大小为 A3-297×420，比例为 1:1；在"设置"选项区域选中"毫米"单选按钮，投影视角设置为第一视角，取消勾选"始终启动视图创建"复选框；单击"确定"按钮，完成图纸页设置。

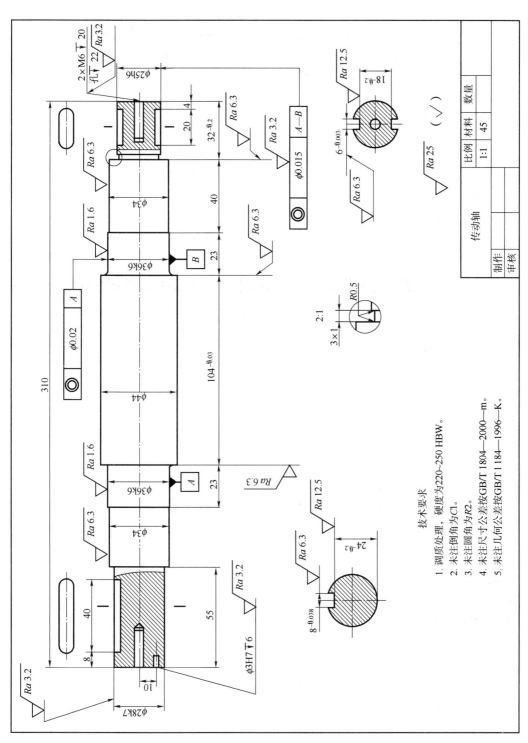

图 5-1-2 传动轴工程图

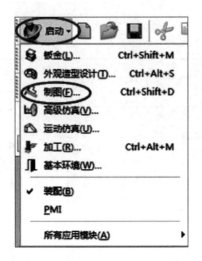

图 5-1-3　进入制图模块方法①

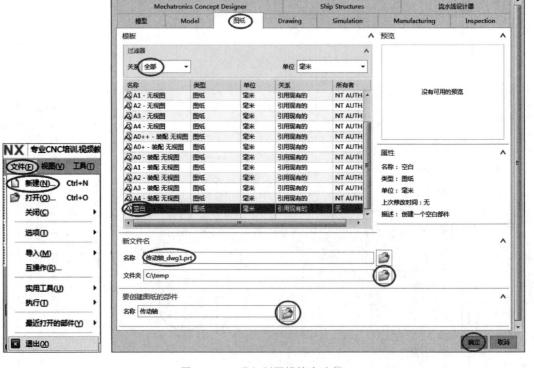

图 5-1-4　进入制图模块方法②

　　3. 导入图框模板。如图 5-1-6（a）所示，选择"文件"→"导入"→"部件"命令，弹出"导入部件"对话框。图 5-1-6（b）所示为"导入部件"对话框的默认设置，单击"确定"按钮。查找并打开图框模板文件，按图 5-1-6（c）所示设置图框模板定位点坐标，单击"确定"按钮，对导入图框模板进行定位。完成图框模板导入如图 5-1-6（d）所示。

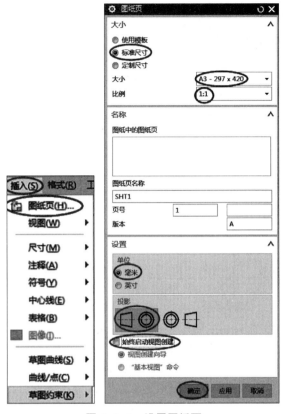

图 5-1-5 设置图纸页

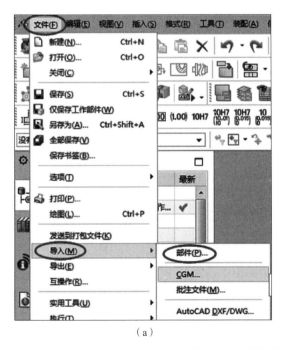

（a）

（b）

图 5-1-6 导入图框模板

（c）

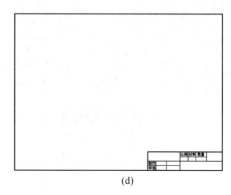

（d）

图 5-1-6　导入图框模板（续）

4．创建视图。

（1）创建主视图。如图 5-1-7 所示，选择"插入"→"视图"→"基本"命令，弹出"基本视图"对话框；设置要使用的模型视图为右视图，比例为 1∶1。在绘图区合适位置单击确定主视图放置位置，单击"关闭"按钮，完成创建主视图。

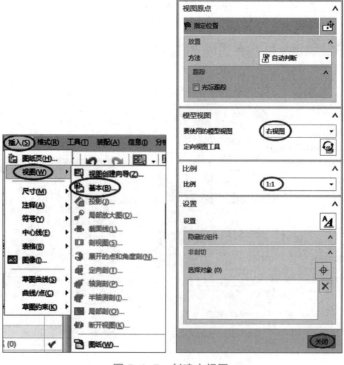

图 5-1-7　创建主视图

（2）创建移出断面图。如图 5-1-8 所示，选择"插入"→"视图"→"剖视图"命令，弹出"剖视图"对话框。在"父视图"选项区域中单击"选择视图"按钮，然后单击主视图；单击"截面线段"选项区域的"指定位置"按钮，在主视图上选择 $\phi28k7$ 段截面线的位置，并在绘图区确定移出断面放置位置；单击"关闭"按钮，完成 $\phi28k7$ 段移出断面图。

图 5-1-8　创建移出断面图

如图 5-1-9 所示，隐藏键槽上方指示的圆弧，并把移出断面图移动至主视图下方对应位置。

如图 5-1-10 所示，选择"插入"→"中心线"→"中心标记"命令，弹出"中心标记"对话框。单击"选择对象"按钮，在视图上选择圆弧的圆心，单击"确定"按钮，完成插入中心线。

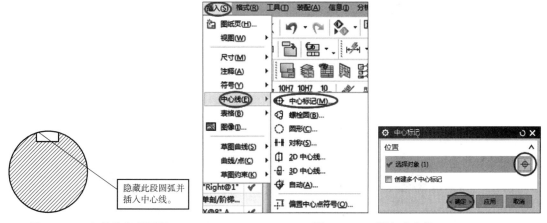

图 5-1-9　完善移出断面图　　　　　图 5-1-10　添加中心线

隐藏截面线与截面名称，用短实线替代截面线。按照相同方法完成 $\phi25h6$ 段移出断面图的创建。

（3）创建局部剖视图。

① 定义局部剖视图边界。在绘图区选择并右击需要创建局部剖的视图，在弹出的快捷菜单中选择"展开"命令，如图5-1-11所示，使视图扩大。

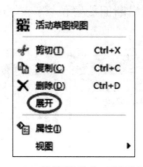

图 5-1-11　快捷菜单中"展开"命令

如图5-1-12所示，选择"插入"→"曲线/点"→"艺术样条"命令，弹出"艺术样条"对话框。类型设置为通过点，勾选"封闭"复选框，然后单击"指定点"按钮，在视图中局部剖位置绘制边界曲线，单击"确定"按钮，完成定义局部剖视图边界。再次右击，在弹出的快捷菜单中选择"展开"命令，使视图恢复原状。

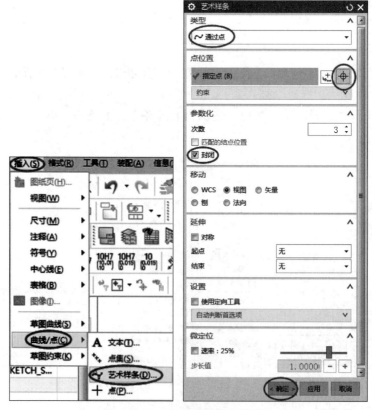

图 5-1-12　定义局部剖视图边界

② 创建局部剖视图。如图5-1-13（a）所示，选择"插入"→"视图"→"局部

剖"命令,弹出"局部剖"对话框,如图 5-1-13(b)所示,选中"创建"单选按钮,同时"选择视图"按钮被激活,选择要进行局部剖的视图,选择完成后自动进入下一步。如图 5-1-13(c)所示,"指出基点"按钮和"指出拉伸矢量"按钮同时被激活,指定 $\phi28k7$ 段移出断面圆心为基点,按 MB2 默认矢量方向,完成后自动进入下一步。如图 5-1-13(d)所示,"选择曲线"按钮被激活,选择边界曲线。单击"应用"按钮,完成创建局部剖视图。

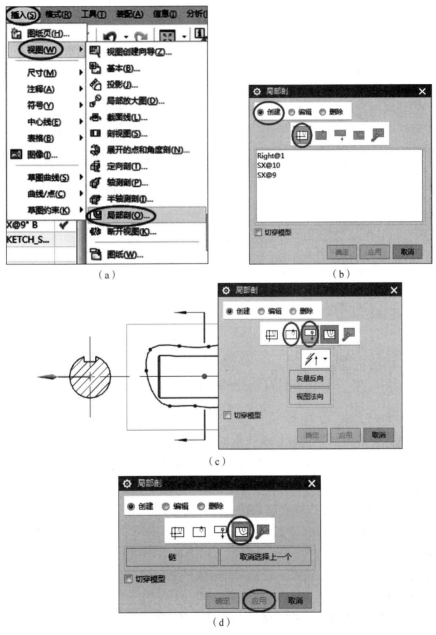

图 5-1-13　创建局部剖视图

传动轴另一端局部剖视图按照相同方法创建。

③ 将局部剖视图的边界曲线改为细实线。右击包含局部剖视图的边界曲线，弹出快捷菜单，如图 5-1-14 所示，选择"视图相关编辑"命令，弹出"视图相关编辑"对话框；单击"添加编辑"选项区域中的"编辑对象段"按钮；在"线框编辑"选项区域中的"线型"下拉列表中选择"实线"命令，在"线宽"下拉列表中选择 0.35 mm 命令；单击"应用"按钮，弹出"编辑对象段"对话框，选择局部剖视图边界曲线，单击"确定"按钮，完成边界曲线修改。

图 5-1-14　修改局部剖视图边界曲线

（4）创建局部放大图。如图 5-1-15 所示，选择"插入"→"视图"→"局部放大图"命令，弹出"局部放大图"对话框，在"类型"下拉列表中选择"圆形"命令，在"父项上的标签"选项区域的"标签"下拉列表中选择"标签"命令；然后单击"父视图"选项区域中的"选择视图"按钮，在绘图区中选择主视图；分别单击"边界"选项区域中的"指定中心点"按钮和"指定边界点"按钮，同时在主视图需局部放大部位画圆确定放大范围；在"比例"下拉列表中选择"2∶1"命令；单击"原点"选项区域中的"指定位置"按钮，默认放置方法为"自动判断"，同时拖动局部放大图将其移动到绘图区合适位置并单击以确定位置；单击"关闭"按钮，完成局部放大图的创建。

（5）创建向视图。

① 创建投影视图。如图 5-1-16 所示，选择"插入"→"视图"→"投影"命令，弹出"投影视图"对话框；在"视图原点"选项区域中的"方法"下拉列表中选择"竖直"命令，在"对齐"下拉列表中选择"对齐至视图"命令；在"父视图"选项区域中单击"选择视图"按钮，并选择主视图，移动光标至合适位置放置投影视图。

图 5-1-15　创建局部放大图

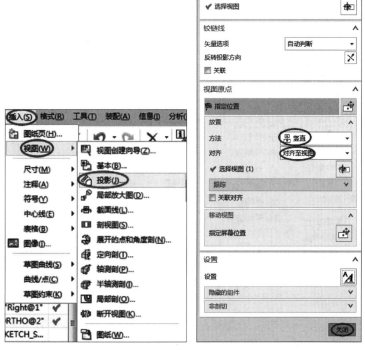

图 5-1-16　创建投影视图

② 编辑修改向视图边界曲线。单击拾取除键槽轮廓线以外的其他轮廓线；右击，在弹出的快捷菜单中选择"隐藏"命令，如图 5-1-17 所示，所选轮廓线被隐藏。把向视图移到绘图区合适的位置，添加中心线，完成创建向视图。

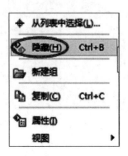

图 5-1-17　选择"隐藏"命令

5. 标注尺寸。

（1）标注主视图上直径尺寸。如图 5-1-18 所示，选择"插入"→"尺寸"→"快速"命令，弹出"快速尺寸"对话框；测量方法设置为圆柱坐标系；在"设置"选项区域中单击"设置"按钮，弹出"设置"对话框，如图 5-1-19 所示，选择"公差"选项卡，根据有无公差、公差的不同标注方式选择公差标注类型。

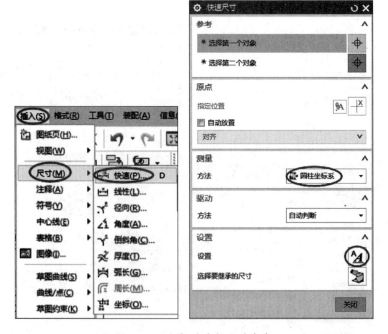

图 5-1-18　标注直径尺寸命令

本任务采用无公差和公差带代号两种方式标注，故公差类型设置为无公差与限制和拟合两种。如果类型设置为限制和拟合，则"限制和拟合"选项区域中的"类型"下拉列表有孔、轴、拟合 3 种命令。本任务选择"轴"命令，轴偏差代号和精度等级按照要求选择。

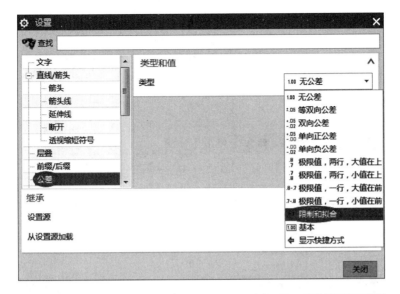

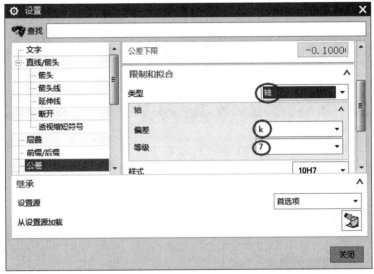

图 5-1-19 "设置"对话框

完成公差设置后，单击"关闭"按钮返回"快速尺寸"对话框。在视图中选择尺寸的两端位置，然后确定放置尺寸的位置，最后单击左键完成尺寸标注。

当所有尺寸标注完毕，单击"关闭"按钮，结束尺寸标注。

（2）标注水平尺寸。如图 5-1-20 所示，选择"插入"→"尺寸"→"快速"命令，弹出"快速尺寸"对话框。测量方法设置为水平，在"设置"选项区域中单击"设置"按钮，弹出"设置"对话框。如图 5-1-21 所示，在"公差"选项卡中选择公差标注类型，设置公差值保留小数点后位数，并输入公差值，单击"关闭"按钮返回"快速尺寸"对话框。参照第（1）步标注尺寸，此处不再详述。

（3）标注竖直尺寸。竖直尺寸标注步骤与水平尺寸标注步骤相同，只是在"快速尺寸"对话框中将测量方法设置为竖直，在此不再详述标注过程。

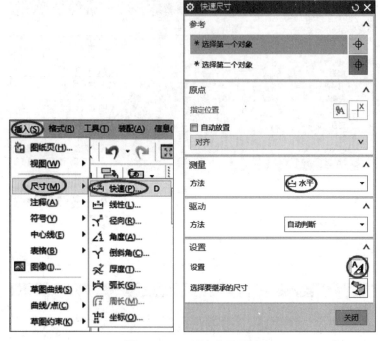

图 5-1-20　标注水平尺寸

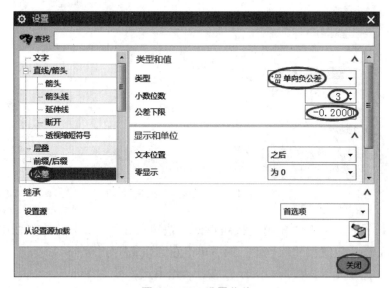

图 5-1-21　设置公差

　　（4）标注注释尺寸。如图 5-1-22 所示，选择"插入"→"注释"→"注释"命令，弹出"注释"对话框；在"文本输入"选项区域的文本框中输入"<O>3H7<#D>6"；在"指引线"选项区域的"类型"下拉列表中选择"普通"命令，单击"选择终止对象"按钮，在视图中选择指引线箭头指引的位置，移动光标确定尺寸放置的位置，单击完成尺寸标注。单击"关闭"按钮退出"注释"对话框。

图 5-1-22　标注注释尺寸

（5）尺寸添加后缀。标注槽宽及槽深尺寸时，选择"插入"→"尺寸"→"快速"命令，弹出"快速尺寸"对话框，测量方法设置水平，先标注槽宽尺寸。然后选择尺寸并右击，如图 5-1-23 所示，在弹出的快捷菜单中选择"编辑附加文本"命令，弹出"附加文本"对话框，在"文本位置"下拉列表中选择"之后"命令，在"文本输入"文本框中输入"×1"，单击"关闭"按钮完成尺寸添加后缀。

如果需要添加前缀，在"文本位置"下拉列表中选择"之前"命令，其他设置方法与添加后缀方法一样。

6. 标注基准及几何公差。

（1）标注基准。如图 5-1-24 所示，选择"插入"→"注释"→"基准特征符号"命令，弹出"基准特征符号"对话框。在"基准标识符"选项区域"字母"文本框中输入 A，在"指引线"选项区域"类型"下拉列表中选择"基准"命令，然后单击"选择终止对象"按钮，在视图中选择指引线指引的位置，移动光标确定基准放置的位置，单击完成基准标注。单击"关闭"按钮退出"基准特征符号"对话框。

其他基准标注不再详述。

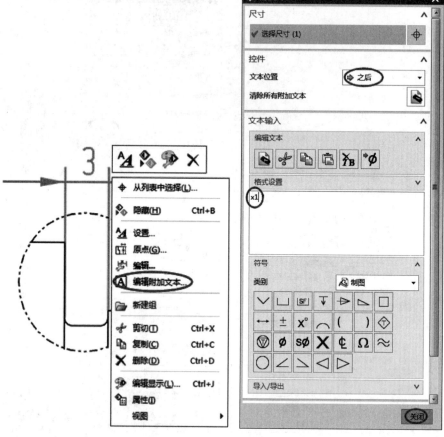

图 5-1-23　尺寸添加后缀

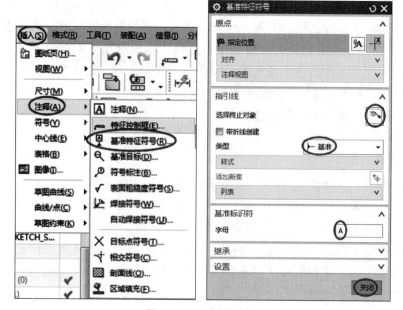

图 5-1-24　标注基准

（2）标注几何公差。如图 5-1-25（a）所示，选择"插入"→"注释"→"特征控制框"命令，弹出"特征控制框"对话框，如图 5-1-25（b）所示。在"框"选项区域的"特性"下拉列表中选择"同轴度"命令，在"框样式"下拉列表中选择"单框"命令，公差设置为 φ0.02，第一基准参考设置为 A；在"样式"选项区域的"短划线侧"下列拉表中选择"右"命令，在"竖直附着"下拉列表中选择"中间"命令。如图 5-1-25（c）所示，在"指引线"选项区域的"类型"下拉列表中选择"普通"命令，勾选"带折线创建"复选框，单击"选择终止对象"按钮，在视图中选择指引线指引的位置，然后单击"指定折线位置"按钮，在视图中选择指引线转折点的位置，最后单击"原点"选项区域中的"指定位置"按钮，移动光标确定几何公差图框的放置位置，单击完成几何公差标注。单击"关闭"按钮退出"特征控制框"对话框。

其他几何公差标注不再详述。

7. 标注表面粗糙度。

如图 5-1-26 所示，选择"插入"→"注释"→"表面粗糙度符号"命令，弹出"表面粗糙度符号"对话框；在"属性"选项区域的"除料"下拉列表中选择"修饰符，需要除料"命令，在"波纹"文本框中输入 Ra1.6；在"指引线"选项区域的"类型"下拉列表中选择"标志"命令，单击"选择终止对象"按钮，在视图中选择表面粗糙度符号的放置表面，然后单击"原点"选项区域中的"指定位置"按钮，移动光标确定表面粗糙度符号的放置位置，单击完成表面粗糙度标注。单击"关闭"按钮退出"表面粗糙度符号"对话框。

如果需要指引线引出标注，只要在"指引线"选项区域的"类型"下拉列表中选择"普通"命令，其他步骤保持不变即可。

其他表面粗糙度标注不再详述。

8. 填写技术要求。

填写技术要求有两种方法。

（1）选择"插入"→"注释"→"注释"命令，弹出"注释"对话框，在"文本输入"选项区域的文本框中输入技术要求内容，在绘图区适当位置单击确定技术要求的放置位置。

（a）

图 5-1-25　标注几何公差

（b） （c）

图 5-1-25 标注几何公差（续）

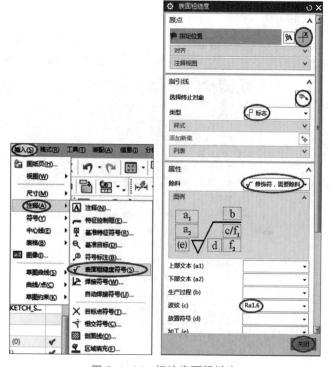

图 5-1-26 标注表面粗糙度

（2）如图 5-1-27 所示，选择"GC 工具箱"→"注释"→"技术要求库"命令，弹出"技术要求"对话框。在"技术要求库"列表中双击所需要求，即可在"文本输入"列表框中编辑修改。在绘图区适当位置指定两对角点，确定技术要求的放置位置及范围，单击"确定"按钮，完成输入。

图 5-1-27　填写技术要求

9. 填写标题栏。选择"插入"→"注释"→"注释"命令，弹出"注释"对话框；在"文本输入"选项区域的文本框中逐个输入标题栏中各单元格的内容，然后在单元格中适当位置单击，完成标题栏的填写。

10. 保存文件。至此，传动轴工程图绘制完成，如图 5-1-2 所示。选择"文件"→"保存"命令，完成文件保存。

【任务导入】

根据图 5-2-1 所示支架零件，创建该零件的工程图，如图 5-2-2 所示。

图 5-2-1　支架

视频：支架

工程图

【任务分析】

该支架零件属于叉架类零件，结构主要由 3 部分组成。支撑部分是一块有两个沉孔的板状结构；工作部分是一个柱状结构；中间的连接部分是一个 T 字形截面的肋板结构。工程图的表达方法以图 5-2-2 所示摆放位置的主视图和左视图为主，辅助以局部剖视图、移出断面图、局部向视图等视图表达支架的结构细节。

【任务实施】

1. 创建支架的实体模型，如图 5-2-1 所示。

2. 创建工程图纸页。

（1）如图 5-2-3 所示，单击"启动"下拉按钮，在弹出的下拉菜单中选择"制图"命令，进入制图模块。

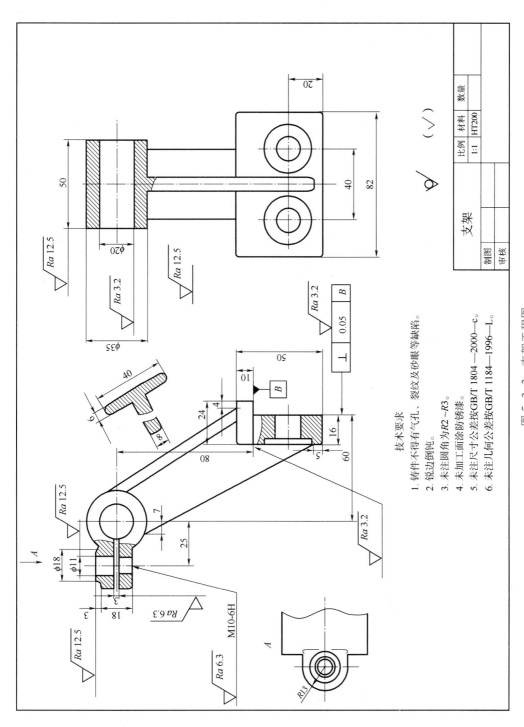

图 5-2-2 支架工程图

技术要求

1. 铸件不得有气孔、裂纹及砂眼等缺陷。
2. 锐边倒钝。
3. 未加工圆角为R2~R3。
4. 未加工面涂防锈漆。
5. 未注尺寸公差按GB/T 1804—2000—c。
6. 未注几何公差按GB/T 1184—1996—L。

支架			比例	材料	数量
			1:1	HT200	
制图					
审核					

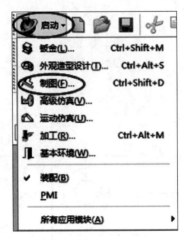

图 5-2-3　进入制图模块

（2）设置图纸页。如图 5-2-4 所示，选择"插入"→"图纸页"命令，弹出"图纸页"对话框。在"大小"选项区域选中"标准尺寸"单选按钮，图幅大小设置为 A3-297×420，比例设置为 1∶1；设置单位为毫米，投影视角为第一视角，取消勾选"始终启动视图创建"复选框；单击"确定"按钮，完成图纸页设置。

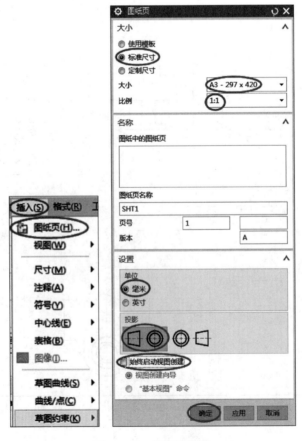

图 5-2-4　设置图纸页

3. 导入图框模板。如图5-2-5（a）所示，选择"文件"→"导入"→"部件"命令，弹出"导入部件"对话框。图5-2-5（b）所示为"导入部件"对话框的默认设置，单击"确定"按钮。查找并打开图框模板文件，按图5-2-5（c）所示设置图框模板定位点坐标，单击"确定"按钮，对导入图框模板进行定位。完成图框模板导入如图5-2-5（d）所示。

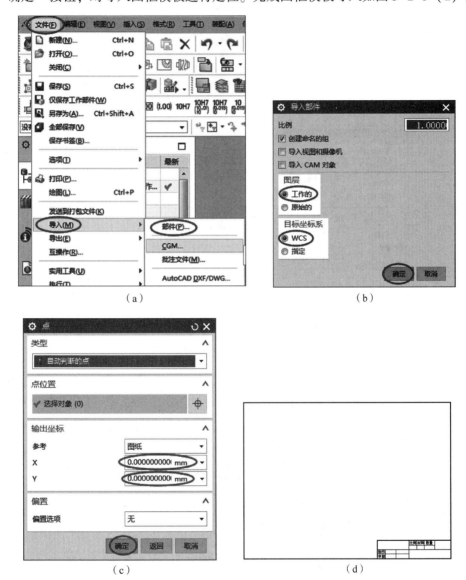

图 5-2-5　导入图框模板

4. 创建视图。

（1）创建主视图和左视图。如图5-2-6所示，选择"插入"→"视图"→"基本"命令，弹出"基本视图"对话框；在"模型视图"选项区域的"要使用的模型视图"下拉列表中选择"右视图"命令；比例设置为1∶1。在绘图区中合适位置单击确定主视图放置位置，然后按照投影关系确定左视图放置位置，前例已详述，此处不再详述，最后单击"关闭"按钮，完成两视图的创建。

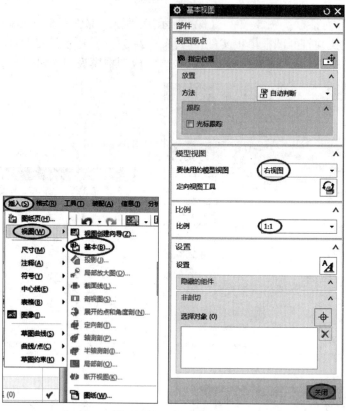

图 5-2-6　创建主视图

（2）创建局部向视图。

① 创建投影视图。如图 5-2-7 所示，选择"插入"→"视图"→"投影"命令，弹出"投影视图"对话框；放置方法设置为竖直，对齐设置为对齐至视图；单击"选择视图"按钮，并选择主视图，移动光标向下至合适位置放置投影视图。

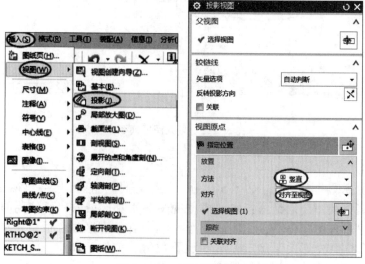

图 5-2-7　创建投影视图

② 编辑修改局部向视图边界曲线。如图 5-2-8 所示，右击局部向视图边界曲线，在弹出的快捷菜单中选择"边界"命令，弹出"视图边界"对话框，设置用"手工生成矩形"方式编辑修改边界曲线。绘制局部向视图边界曲线，并修改线宽，完成局部向视图的创建。

图 5-2-8　编辑视图边界

（3）创建移出断面图。

① 创建移出断面图。如图 5-2-9 所示，选择"插入"→"视图"→"剖视图"命令，弹出"剖视图"对话框。单击"选择视图"按钮，然后单击主视图；单击"截面线段"选项区域的"指定位置"按钮，在主视图上选择 T 字形肋板处截面线的位置，并确定投影放置位置，单击"关闭"按钮。

图 5-2-9　创建移出断面图

选择并右击刚刚创建的投影，在弹出的快捷菜单中选择"设置"命令，如图 5-2-10 所示，弹出"设置"对话框，在"设置"选项卡的"格式"选项区域中取消勾选"显示背景"复选框，单击"确定"按钮，完成移出断面图的创建。

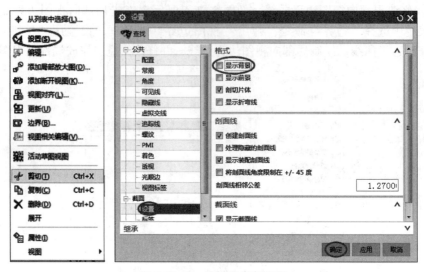

图 5-2-10　编辑移出断面图

　　② 创建移出断面图的断开视图。如图 5-2-11 所示，选择"插入"→"视图"→"断开视图"命令，弹出"断开视图"对话框。在"类型"下拉列表中选择"常规"命令；在"设置"选项区域中取消勾选"显示断裂线"复选框；单击"选择视图"按钮，然后在绘图区中选择 T 字形肋板移出断面图；指定矢量设置为曲线/轴矢量，然后选择视图中要断开的边为矢量方向；分别确定"断裂线 1"和"断裂线 2"的位置，单击"确定"按钮，创建移出断面图的断开视图。

图 5-2-11　创建移出断面图的断开视图

③ 修改断裂线。选择"插入"→"草图曲线"→"艺术样条"命令，修改断开视图的断裂线。右击断裂线弹出快捷菜单，如图 5-2-12 所示，选择"编辑显示"命令，弹出"编辑对象显示"对话框，按图 5-2-12 所示设置参数，单击"确定"按钮，完成断裂线的修改。

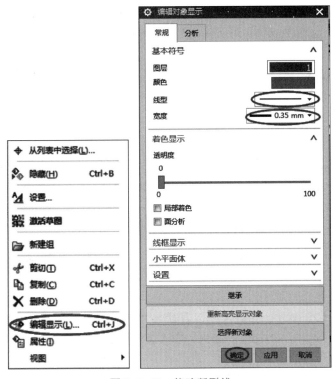

图 5-2-12　修改断裂线

（4）创建局部剖视图。

① 定义局部剖视图边界。如图 5-2-13 所示，选择并右击需要创建局部剖的视图，在弹出的快捷菜单中选择"活动草图视图"命令。在草图环境下，选择"插入"→"草图曲线"→"艺术样条"命令，弹出"艺术样条"对话框。在"类型"下拉列表中选择"通过点"命令；在"参数化"选项区域中勾选"封闭"复选框；然后单击"点位置"选项区域的"指定点"按钮，在局部剖视图位置绘制出边界曲线；单击"确定"按钮，完成定义局部剖视图边界。

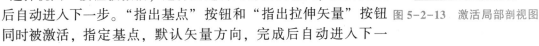

图 5-2-13　激活局部剖视图

② 创建局部剖视图。选择"插入"→"视图"→"局部剖"命令，弹出"局部剖"对话框，选中"创建"单选按钮，同时"选择视图"按钮被激活，选择要进行局部剖的视图，选择完成后自动进入下一步。"指出基点"按钮和"指出拉伸矢量"按钮同时被激活，指定基点，默认矢量方向，完成后自动进入下一步。"选择曲线"按钮被激活，选择边界曲线，单击"应用"按钮，完成创建局部剖视图。

③ 将局部剖视图的边界曲线改为细实线。在本模块任务一中已详细介绍修改方法与步骤，此处不再详述。

④ 添加中心线。如图 5-2-14 所示，选择"插入"→"中心线"→"2D 中心线"命

令，弹出"2D 中心线"对话框。在"类型"下拉列表中选择"从曲线"命令；在"设置"选项区域中勾选"单独设置延伸"复选框；分别单击视图中需添加中心线的图线，然后单击"确定"按钮，在两图线的对称中心处添加中心线。

图 5-2-14　添加中心线

5. 标注尺寸。水平尺寸、竖直尺寸、直径尺寸、注释尺寸的标注方法已在本模块任务一中进行详细介绍，此外不再详述。结果如图 5-2-2 所示。

6. 标注基准及几何公差。

（1）标注基准。本模块任务一已进行详细介绍，此外不再详述。结果如图 5-2-2 所示。

（2）标注几何公差。选择"插入"→"注释"→"特征控制框"命令，弹出"特征控制框"对话框。如图 5-2-15（a）所示，在"框"选项区域的"特性"下拉列表中选择"垂直度"命令，在"框样式"下拉列表中选择"单框"命令，在"公差"文本框中输入0.05，第一基准参考设置为 B；在"样式"选项区域的"短划线侧"下拉列表中选择"左"命令，在"竖直附着"下拉列表中选择"中间"命令。如图 5-2-15（b）所示，在"指引线"选项区域的"类型"下拉列表中选择"普通"命令；单击"选择终止对象"按钮，在视图中选择指引线指引的位置；然后单击"原点"选项区域中"指定位置"按钮，移动光标确定几何公差图框的放置位置，单击完成几何公差标注。单击"关闭"按钮退出"特征控制框"命令。

7. 填写技术要求。选择"插入"→"注释"→"注释"命令，弹出"注释"对话框，在"文本输入"选项区域的文本框中输入技术要求内容，在绘图区适当位置单击确定技术要求的放置位置。结果如图 5-2-2 所示。

8. 填写标题栏。选择"插入"→"注释"→"注释"命令，弹出"注释"对话框；在"文本输入"选项区域的文本框中逐个输入标题栏中各单元格的内容，然后在单元格中适当位置单击，完成标题栏的填写。结果如图 5-2-2 所示。

9. 保存文件。至此，支架工程图绘制完成，如图 5-2-2 所示。选择"文件"→"保存"命令，完成文件保存。

（a） （b）

图 5-2-15　标注几何公差

任务三　箱体工程图

【任务导入】

　　根据如图 5-3-1 所示箱体零件，创建该零件的工程图，如图 5-3-2 所示。

图 5-3-1　箱体

视频：箱体工程图

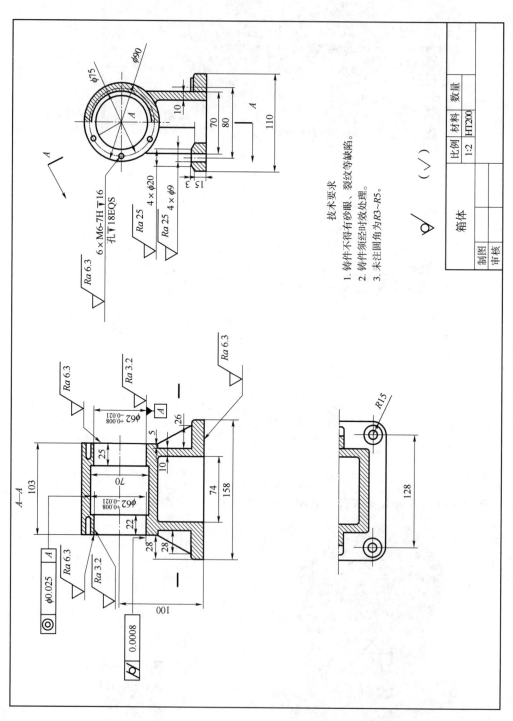

图 5-3-2 箱体工程图

【任务分析】

该箱体零件为薄壁零件，结构对称。上部为圆柱形薄壁结构，两端面各均布 6 个螺纹孔；底部为长方形结构，内有空腔，底座上均布 4 个凸台，凸台上有通孔，两侧各有一肋板。工程图的视图可采用全剖、半剖、局部剖等表达方式。

【任务实施】

1. 创建箱体的实体模型，如图 5-3-1 所示。

2. 创建工程图纸页，导入图框模板。视图绘图比例设置为 1∶2，图纸页设置方法和步骤在本模块任务一和任务二中已详细介绍，此处不再详述。

3. 创建视图。

（1）创建俯视图。选择"插入"→"视图"→"基本"命令，弹出"基本视图"对话框；在"模型视图"选项区域的"要使用的模型视图"下拉列表中选择"俯视图"命令；"比例"下拉列表中选择"1∶2"命令。在绘图区合适位置单击确定俯视图放置位置，单击"关闭"按钮，完成创建俯视图。

（2）创建左视图。

① 生成半剖视图。左视图为半剖视图，选择"插入"→"视图"→"剖视图"命令，弹出"剖视图"对话框，如图 5-3-3 所示。在"截面线"选项区域的"定义"下拉列表中选择"动态"命令，在"方法"下拉列表中选择"半剖"命令；系统自动选择俯视图作为父视图，在"视图原点"选项区域的"方向"下拉列表中选择"正交的"命令，放置方法设置为自动判断；单击绘图区俯视图前面轮廓线中点和中心线中点，确定剖切位置，水平移动至适当位置单击，生成半剖视图，如图 5-3-4 所示。

图 5-3-3　半剖视图设置

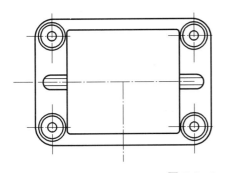

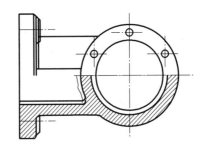

图 5-3-4　生成半剖视图

② 旋转半剖视图。如图 5-3-5（a）所示，右击半剖视图边界，弹出快捷菜单，选择"设置"命令，弹出"设置"对话框，如图 5-3-5（b）所示，选择"角度"选项卡，在"角度"文本框中输入 90，单击"确定"按钮，半剖视图旋转 90°。

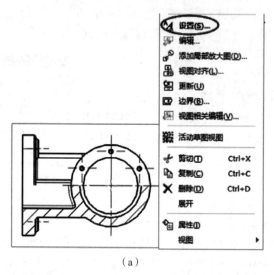

（a）

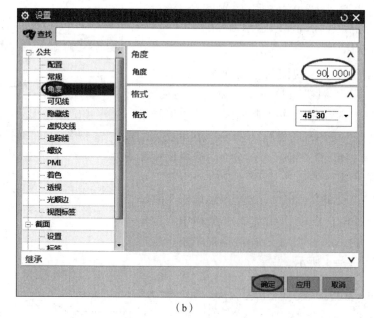

（b）

图 5-3-5　旋转半剖视图

③ 完成左视图。选中半剖视图，把视图拖动到左视图的放置位置，完成左视图的创建。

④ 生成凸台局部剖视图。在左视图中生成凸台局部剖视图，其生成方法和步骤已在本模块任务一和任务二中做详细介绍，此处不再详述。

（3）创建主视图。主视图为全剖视图，其中要表达两块肋板的结构。

① 生成主视图。选择"插入"→"视图"→"剖视图"命令，弹出"剖视图"对话框；如图 5-3-6 所示。在"截面线"选项区域的"定义"下拉列表中选择"动态"命令，

在"方法"下拉列表中选择"旋转"命令；选择左视图作为父视图，在"视图原点"选项区域的"方向"下拉列表中选择"正交的"命令，放置方法设置为自动判断；在"截面线段"选项区域中单击"指定旋转点"按钮，在绘图区左视图单击圆心，然后单击"指定支线1位置"按钮，在绘图区左视图单击螺纹孔圆心，最后单击"指定支线2位置"按钮，在绘图区左视图单击底边中点，确定剖切位置，水平移动光标至放置主视图适当位置，单击生成主视图。单击"关闭"按钮完成主视图。

② 生成肋板结构。选中主视图中剖面线，右击，弹出快捷菜单，选择"隐藏"命令，隐藏剖面线。

右击主视图，在弹出的快捷菜单中选择"活动草图视图"命令，主视图进入草图绘制模式。

选择"插入"→"草图曲线"→"轮廓"命令，绘制肋板轮廓线，绘制完成后单击"完成草图"按钮，退出草图状态。

选择"插入"→"注释"→"剖面线"命令，弹出"剖面线"对话框；如图 5-3-7 所示，在"设置"选项区域的"距离"文本框中输入 3；在"边界"选项区域的"选择模式"下拉列表中选择"区域中的点"命令，单击"要搜索的区域"选项区域的"指定内部位置"按钮，在主视图中填充剖面线区域内单击，确定剖面线填充范围；单击"确定"按钮，完成主视图中肋板结构表达。

图 5-3-6　生成主视图

图 5-3-7　设置剖面线

（4）创建俯视图半视图。由于俯视图前后对称，故只需画出半视图即可。

如图 5-3-8 所示，选择"插入"→"视图"→"断开视图"命令，弹出"断开视图"对话框。在"类型"下拉列表中选择"单侧"命令；在"设置"选项区域的"样式"下拉列表中选择图 5-3-8 所示命令；在"主模型视图"选项区域单击"选择视图"按钮，单击选择俯视图；在"方向"选项区域的"指定矢量"下拉列表中选择 YC 命令；单击"断裂线"选项区域的"指定锚点"按钮，在俯视图中单击侧面轮廓线中点；单击"确定"按钮，完成俯视图半视图的创建。

图 5-3-8　创建俯视图半视图

（5）俯视图局部剖视图。局部剖视图的创建方法和步骤在本模块任务一和任务二中已详细介绍，此处不再详述。

4. 标注尺寸、几何公差、表面粗糙度，填写技术要求、标题栏。按照本模块任务一和任务二介绍方法操作即可，此处不再详述。

5. 保存文件。完成箱体工程图如图 5-3-2 所示，选择"文件"→"保存"命令，完成文件保存。

任务四　球阀装配工程图

【任务导入】

根据图 5-4-1 所示球阀装配体，创建该零件的装配工程图，如图 5-4-2 所示。

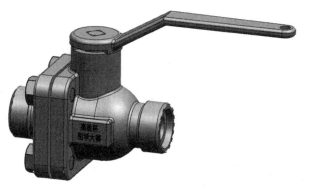

图 5-4-1　球阀装配体

视频：球阀装配
工程图

【任务分析】

本任务要求创建图 5-4-2 所示球阀装配工程图，需要完成三视图，对视图中非剖切零件进行编辑处理，隐藏视图中的零件，生成并编辑零件明细表，进行零件序号排序等操作。

【任务实施】

1. 打开已创建的球阀装配体实体模型文件。

2. 创建视图。

（1）创建俯视图。选择"插入"→"视图"→"基本"命令，弹出"基本视图"对话框；在"模型视图"选项区域的"要使用的模型视图"下拉列表中选择"俯视图"命令；比例设置为 1∶1。在绘图区合适位置单击确定俯视图放置位置，单击"关闭"按钮，完成创建俯视图。

（2）创建左视图。选择"插入"→"视图"→"剖视图"命令，弹出"剖视图"对话框；在"截面线"选项区域的"定义"下拉列表中选择"动态"命令，在"方法"下拉列表中选择"半剖"命令；系统自动选择俯视图作为父视图，在"视图原点"选项区域"方向"下拉列表中选择"正交"的命令，放置方法设置为自动判断；在绘图区俯视图单击前面轮廓线中点和中心线中点，确定剖切位置，水平移动至适当位置单击，生成半剖视图。

右击半剖视图边界，弹出快捷菜单，选择"设置"命令，弹出"设置"对话框；选择"角度"选项卡，在"角度"文本框中输入 90，单击"确定"按钮，半剖视图旋转 90°。

选中半剖视图，把视图拖到左视图的放置位置，完成左视图的创建。

（3）创建主视图。

①选择"插入"→"视图"→"剖视图"命令，弹出"剖视图"对话框；在"截面线"选项区域的"定义"下拉列表中选择"动态"命令，在"方法"下拉列表中选择"简单剖/阶梯剖"命令；选择俯视图作为父视图，在"视图原点"选项区域"方向"下拉列表选择"正交的"命令，放置方法设置为自动判断；在"截面线段"选项区域中单击"指定旋转点"按钮，在绘图区俯视图单击手柄圆心，然后竖直拖动至放置主视图适当位置，单击生成主视图。单击"关闭"按钮完成主视图。

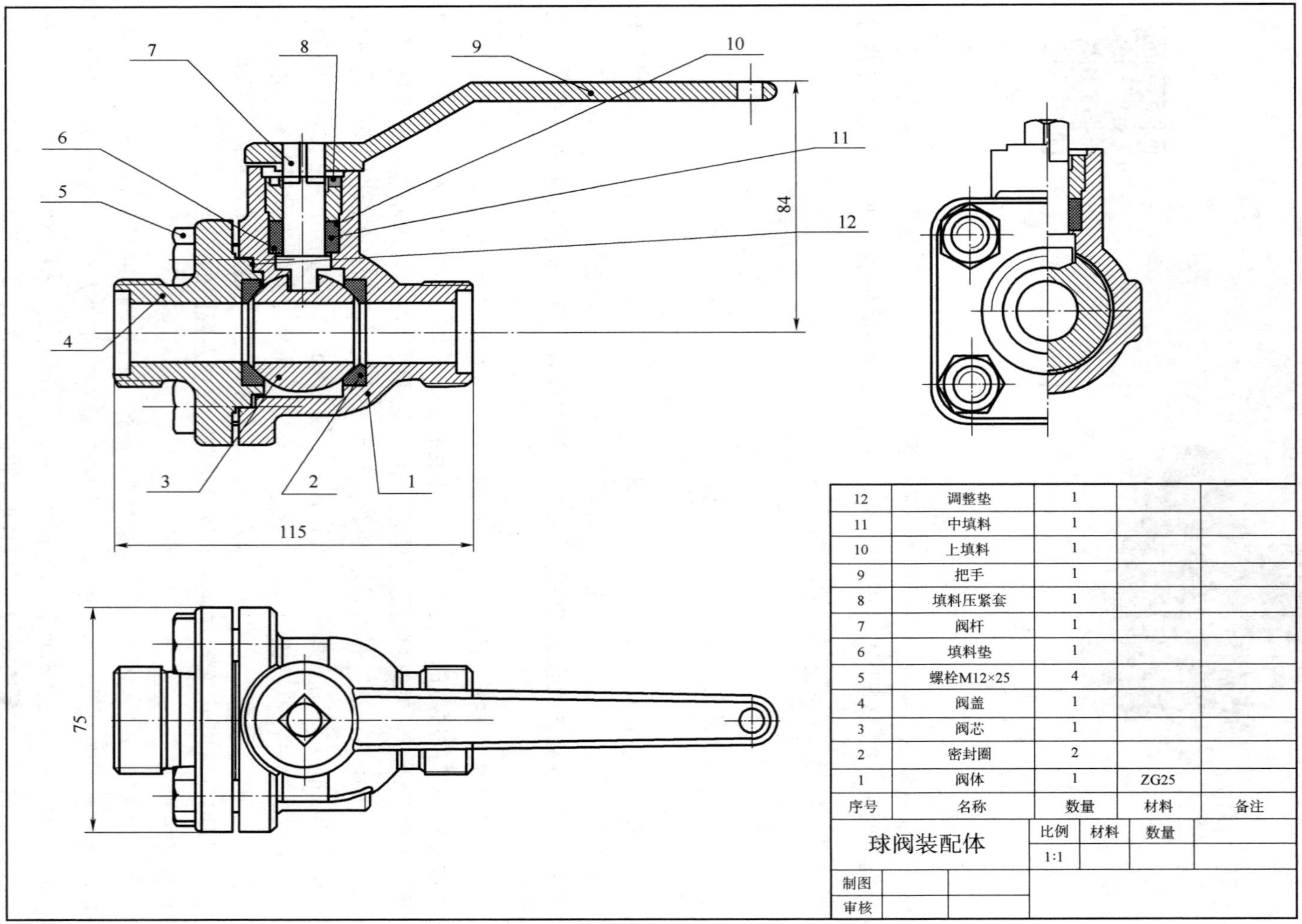

图 5-4-2 球阀装配工程图

12	调整垫	1		
11	中填料	1		
10	上填料	1		
9	把手	1		
8	填料压紧套	1		
7	阀杆	1		
6	填料垫	1		
5	螺栓M12×25	4		
4	阀盖	1		
3	阀芯	1		
2	密封圈	2		
1	阀体	1	ZG25	
序号	名称	数量	材料	备注

			数量	材料	数量
球阀装配体			比例		
			1:1		
制图					
审核					

② 修改填料剖面线。将光标移动到要修改剖面线的区域，然后右击，如图 5-4-3 所示，在弹出快捷菜单中选择"编辑"命令，弹出"剖面线"对话框；在"设置"选项区域的"图样"下拉列表中选择 Electrical Winding 命令，在"距离"文本框中输入 2.00，在"角度"文本框输入 0；单击"确定"按钮，完成填料剖面线的修改。

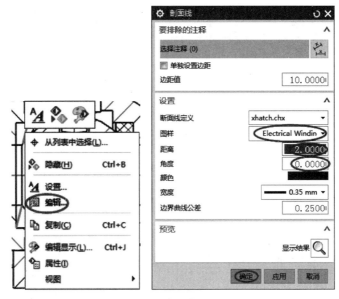

图 5-4-3　修改填料剖面线

其他需要修改剖面线的地方按照上述方法操作即可。

（4）修改阀杆零件为不剖切视图。修改阀杆零件为不剖切视图的方法有两种。方法一如下所示。

① 添加"视图中剖切"按钮。如图 5-4-4 所示，单击工具条右侧下拉按钮，选择"添加或移除按钮"→"制图编辑"→"视图中剖切"命令，在工具条添加"视图中剖切"按钮。

② 修改阀杆零件为不剖切视图。单击工具条中的"视图中剖切"按钮，弹出"视图中剖切"对话框，如图 5-4-5 所示。单击"视图"选项区域的"选择视图"按钮，单击主视图边界选中主视图；单击"体或组件"选项区域的"选择对象"按钮，单击主视图中阀杆零件，选中阀杆视图区域；选中"变成非剖切"单选按钮；单击"应用"按钮，修改主视图中阀杆的视图。

用相同方法修改左视图中阀杆的视图，完成阀杆视图的修改。

③ 更新视图。选中主视图边界，右击，弹出快捷菜单，选择"更新"命令，更新主视图。用相同方法更新左视图，阀杆在两视图中表达为不剖切状态。

方法二如下所示。

① 修改阀杆零件为不剖切视图。选中主视图边界，右击，弹出快捷菜单，如图 5-4-6 所示，选择"编辑"命令，弹出"剖视图"对话框，单击"非剖切"选项区域的"选择对象"按钮，然后单击主视图中阀杆零件，选中阀杆视图区域；单击"关闭"按钮，修改主视图中阀杆的视图。

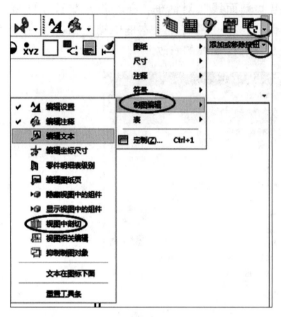

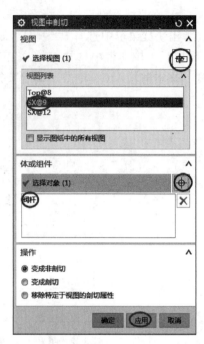

图 5-4-4　添加"视图中剖切"按钮　　　　　图 5-4-5　修改阀杆零件为不剖切视图方法一

图 5-4-6　修改阀杆零件为不剖切视图方法二

用相同方法修改左视图中阀杆的视图，完成阀杆视图的修改。

② 更新视图。选中主视图边界，右击，弹出快捷菜单，选择"更新"命令，更新主视图。用相同方法更新左视图，阀杆在两视图中表达为不剖切状态。

（5）隐藏左视图中手柄视图。

① 设置隐藏左视图中手柄零件。选中左视图边界，右击，弹出快捷菜单，如图 5-4-7 所示，选择"编辑"命令，弹出"剖视图"对话框，单击"隐藏的组件"选项区域的"选择对象"按钮，然后单击左视图中手柄零件，选中手柄视图区域，单击"关闭"按钮，隐藏左视图中手柄零件。

② 更新视图。选中左视图边界，右击，弹出快捷菜单，选择"更新"命令，更新左视图，手柄在左视图中被隐藏。

图 5-4-7　设置隐藏左视图中手柄零件

3. 标注必要的尺寸。

4. 创建明细栏。

（1）自动生成明细栏。如图 5-4-8 所示，选择"插入"→"表格"→"零件明细表"命令，在绘图区适当位置单击，即可自动生成含有 1 行 3 列的明细栏。此明细栏从左往右依次是序号、名称、数量。

（2）自动添加明细栏内容。如图 5-4-9 所示，将光标放置在明细栏左上角，右击，弹出快捷菜单，选择"编辑级别"命令，弹出"编辑级别"工具条，单击"主模型"按钮，将各零件添加到明细栏，单击"确定"按钮，完成添加。

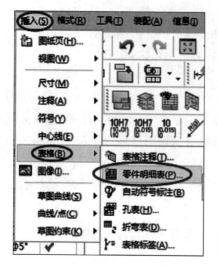

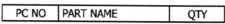

PC NO	PART NAME	QTY

图 5-4-8　自动生成明细栏

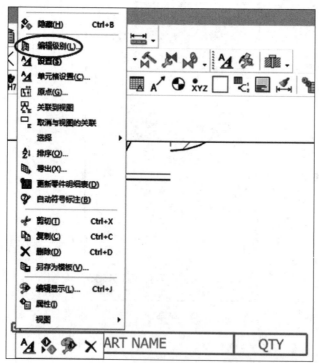

图 5-4-9　添加明细栏内容

（3）增加材料和备注 2 列。如图 5-4-10 所示，沿 QTY 列移动光标，当该列亮起且光标旁出现"表格注释列"提示时，右击，在弹出的快捷菜单中选择"插入"→"在右侧插入列"命令，插入新列。

重复上述方法再添加一列。

（4）修改明细栏表头。双击表头单元格，在文本框中输入修改内容。

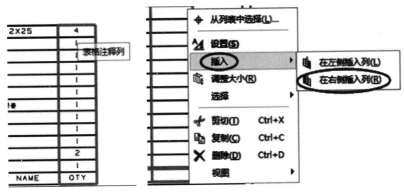

图 5-4-10　添加列

（5）将明细栏对齐标题栏。将光标移至明细栏左上角，右击，在弹出的快捷菜单中选择"设置"命令，弹出"设置"对话框，如图 5-4-11 所示，在"表区域"选项卡"格式"选项区域的"对齐位置"下拉列表中选择图 5-4-11 所示命令，单击"关闭"按钮，完成设置。单击明细栏左上角小方框，拖动明细栏对齐到标题栏上方。

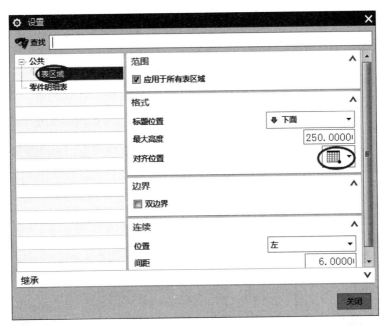

图 5-4-11　设置明细栏对齐方式

（6）输入明细栏中各表格的内容，并调整明细栏的行高和列宽。

5. 自动添加序号。

（1）设置序号样式。将光标移至明细栏左上角，右击，在弹出的快捷菜单中选择"设置"命令，弹出"设置"对话框，如图 5-4-12 所示，在"零件明细表"选项卡"标注"选项区域的"符号"下拉列表中选择"U 下划线"命令，在"主符号文本"下拉列表中选择"标注"命令，单击"关闭"按钮，完成设置。

（2）自动标注序号。如图 5-4-13 所示，选择"插入"→"表格"→"自动符号标注"

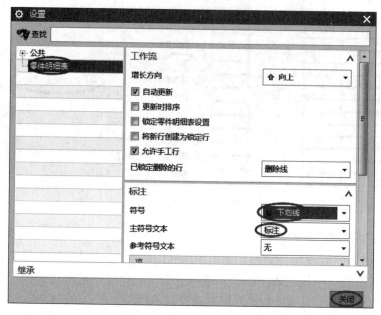

图 5-4-12 设置序号样式

命令，弹出"零件明细表自动符号标注"对话框，提示选择要自动标注的明细表，单击明细栏；单击"确定"按钮，返回"零件明细表自动符号标注"对话框，提示选择要自动标注符号的视图，单击主视图；单击"确定"按钮，完成序号的自动标注。

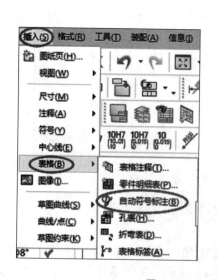

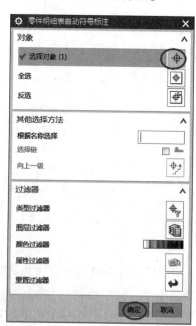

图 5-4-13　自动标注序号

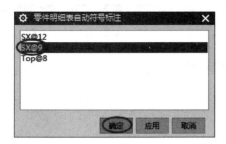

图 5-4-13　自动标注序号（续）

（3）调整序号位置、编辑序号字体、字高等。

双击序号 1，弹出"符号标注"对话框，如图 5-4-14 所示，在"样式"选项区域的"箭头"下拉列表中选择"填充圆点"命令；单击"设置"选项下拉列表中的"设置"按钮，弹出"设置"对话框，在"文字"选项卡"文字参数"下拉列表中选择"A 仿宋"命令，在"高度"文本框中输入 7，在"宽高比"文本框中输入 0.7；在"箭头"选项卡"格式"选项区域的"圆点直径"文本框中输入 3；单击"关闭"按钮返回"符号标注"对话框；再单击"关闭"按钮，完成序号 1 字体、字高等的设置。

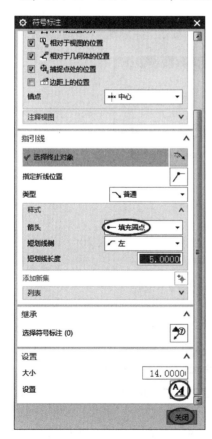

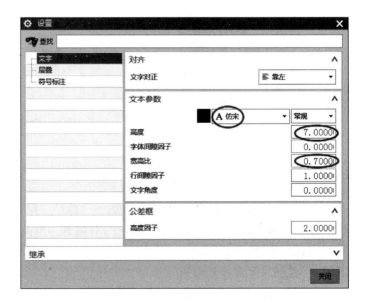

图 5-4-14　序号 1 字体、字高等的设置

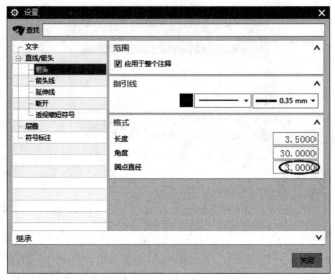

图 5-4-14　序号 1 字体、字高等的设置（续）

如图 5-4-15 所示，选择"GC 工具箱"→"制图工具"→"格式刷"命令，弹出"格式刷"对话框。单击"工具对象"选项区域的"选择对象"按钮，选择序号 1；再单击"目标对象"选项区域的"选择对象"按钮，选择其余序号；单击"确定"按钮，完成其余序号的编辑。

图 5-4-15　其余序号的编辑

（4）序号重新排序。如图 5-4-16 所示，选择"GC 工具箱"→"制图工具"→"装配序号排序"命令，弹出"装配序号排序"对话框。单击"选择"选项区域的"初始装配序号"按钮，选择序号 1 为起始序号；在"设置"选项区域勾选"顺时针"复选框；单击"确定"按钮，完成序号重新排序。

（5）编辑序号指引线起点位置。双击序号 1，在零件上适当位置单击，确定指引线起点位置，按 MB2，完成序号 1 指引线起点位置编辑。然后采用相同方法编辑其他序号指引线起点位置，此处不再详述。

图 5-4-16 序号重新排序

6. 去除明细栏中数字方框。序号自动重新排序后，明细栏也自动进行重新排序，更新后的明细栏中序号数字加了方框，此方框需去除。

移动光标至明细栏左上角，右击，弹出快捷菜单，如图 5-4-17 所示，选择"设置"命令，弹出"设置"对话框，在"零件明细表"选项卡的"手工输入的文本"选项区域中取消勾选"高亮显示"复选框，单击"关闭"按钮，去除明细栏中数字方框。

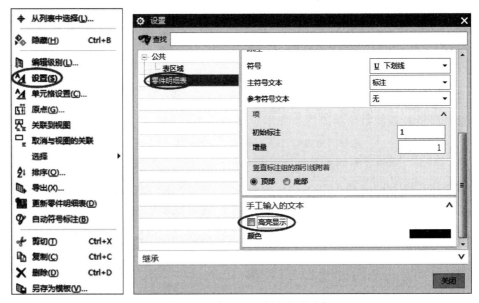

图 5-4-17 去除明细栏中数字方框

7. 填写标题栏。标题栏的填写方法在本模块任务一和任务二中已经详细介绍，此处不再详述。

8. 保存文件。完成球阀装配工程图如图 5-4-1 所示，选择"文件"→"保存"命令，完成文件保存。

学习评价

任务名称：			姓名：	组号：		总分：	
评分项		评价指标	分值	学生自评	小组互评	教师评分	
素养目标	遵章守纪	能够自觉遵守课堂纪律、爱护实训室环境	10				
	学习态度	能够分析并尝试解决出现的问题，体现精准细致、精益求精的工匠精神	10				
	团队协作	能够进行沟通合作，积极参与团队协作，具有团队意识	10				
知识目标	识图能力	能够正确分析零件图纸，设计合理的建模步骤	10				
	命令使用	能够合理选择、使用相关命令	10				
	建模步骤	能够明确建模步骤，具备清晰的建模思路	10				
	完成精度	能够准确表达模型尺寸，显示完整细节	10				
能力目标	创新意识	能够对设计方案进行修改优化，体现创新意识	10				
	自学能力	具备自主学习能力，课前有准备，课中能思考，课后会总结	10				
	严谨规范	能够严格遵守任务书要求，完成相应的任务	10				
备注：按照评价指标分为4档，优秀10分，良好8分，一般7分，合格6分							

参考文献

[1] 雷芳, 李会玲. NX 12.0 项目教程: 零件的造型 [M]. 西安: 西北工业大学出版社, 2020.

[2] 北京兆迪科技有限公司. UG NX 12.0 宝典 [M]. 北京: 机械工业出版社, 2019.

[3] 陶冶, 邵立康, 王静, 等. 全国大学生先进成图技术与产品信息建模创新大赛第14、15届命题解答汇编 [M]. 北京: 中国农业大学出版社, 2023.

[4] 董彤, 朱宇. 数字化设计与加工软件应用 [M]. 北京: 机械工业出版社, 2022.

[5] 罗应娜. UG NX 10.0 三维造型全面精通实例教程 [M]. 北京: 机械工业出版社, 2024.

[6] 赵秀文, 苏越. UG NX 10.0 实例基础教程 [M]. 北京: 机械工业出版社, 2024.

[7] 毛丹丹, 曾林. UG 机械设计实例教程 [M]. 北京: 机械工业出版社, 2021.

[8] 善盈盈, 邓劲莲. UG NX 项目教程 [M]. 北京: 机械工业出版社, 2021.

[9] 张铮. NX 数字化设计基础 [M]. 北京: 机械工业出版社, 2023.

[10] 张小红, 郑贞平. UG NX 10.0 中文版基础教程 [M]. 2 版. 北京: 机械工业出版社, 2022.

[11] 郭晓霞, 周建安, 洪建明, 等. UG NX 12.0 全实例教程 [M]. 北京: 机械工业出版社, 2020.

[12] 林良颖, 吴惠文, 吴勇斌, 等. UG NX 机械设计项目教程 [M]. 重庆: 重庆大学出版社, 2017.